Inhaltsverzeichnis

Die Aufgaben sind so nummeriert: 1

Hier ist es etwas schwieriger: 1

So erkennst du eine kniffelige Aufgabe: 1

Auf den blauen Zetteln findest du die Lösungen:

Lagebeziehungen angeben – Wege beschreiben

1

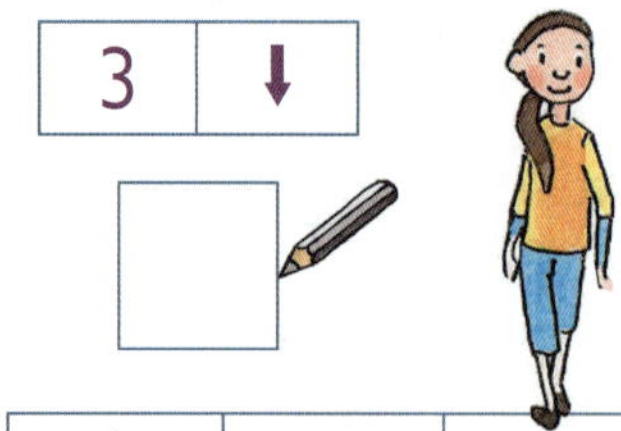

2

2	→
1	↓
3	→

4	↓
2	→
1	↓

5	←
2	↑
1	→

4	↑
2	→
1	↓

3

3 → 2 ↓ 3 ← 2 ↑

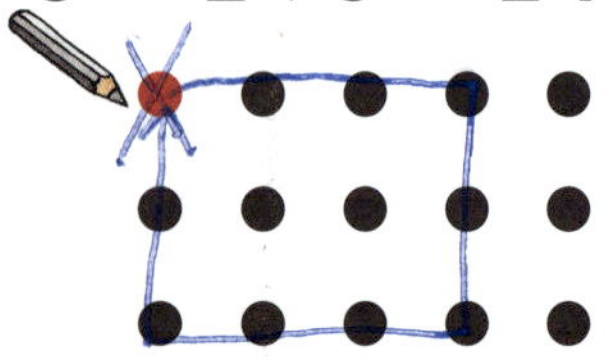

3 nach rechts
2 " unten
3 " links
2 " oben

1 → 1 ↓ 1 ← 1 ↑

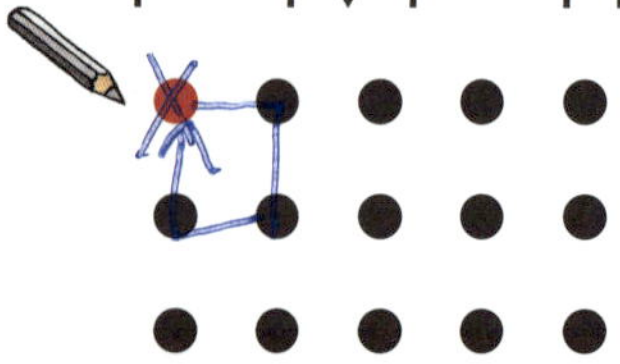

1 nach recht
1 " unten
1 " links
1 " oben

1 → 1 ↓ 1 → 1 ↓

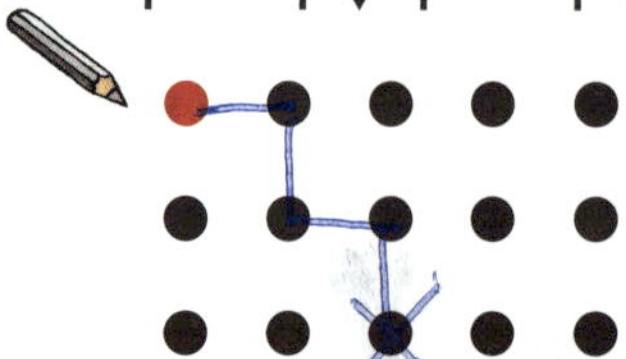

1 nach rechts
1 unten
1 links
1 unten

1 und 2: Wege nach Vorgabe gehen, Zielfigur benennen und malen; Lage der Figuren in Beziehung zu den anderen Figuren beschreiben 3: Punkte nach Vorgabe mit geraden Linien verbinden

Zählen – Bestimmen von Anzahlen

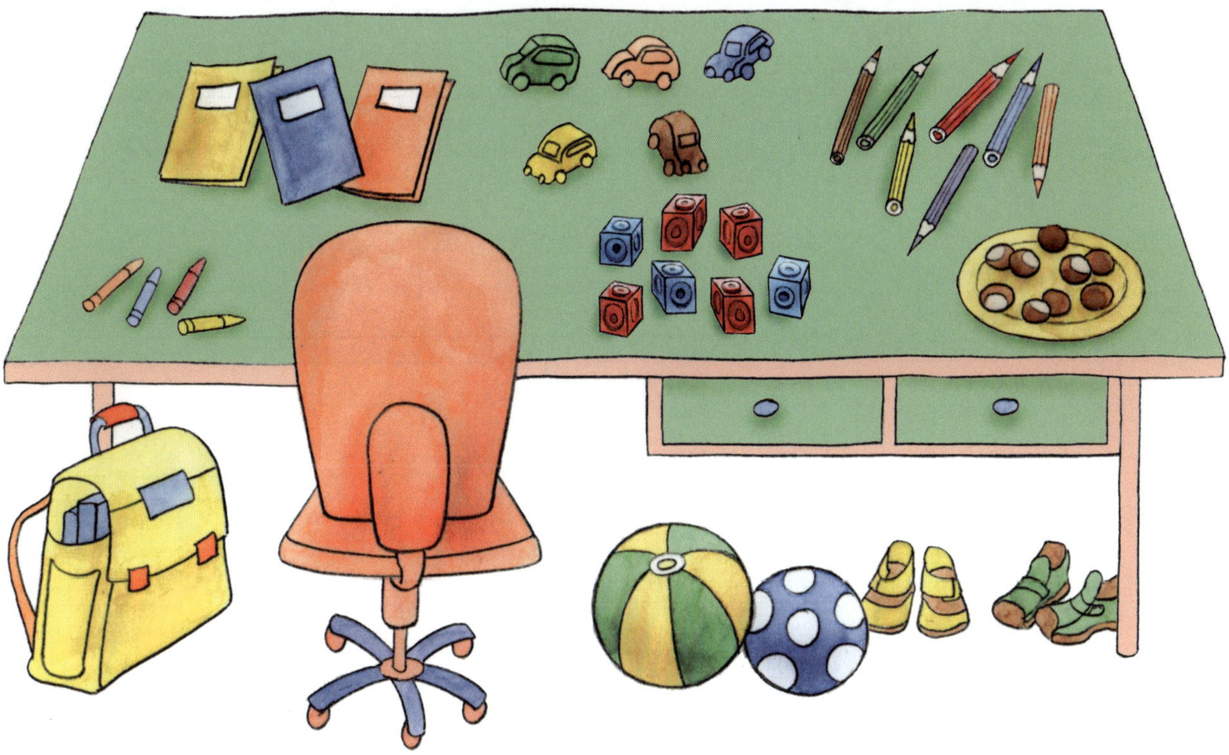

1

2

3

links rechts

Die Zahlen 1 und 2

1

2

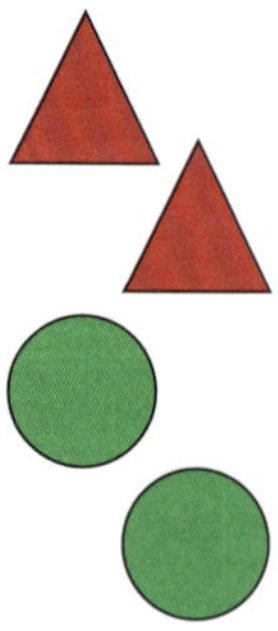

1 und 2: Ziffernschreibweise; Zehnerstreifen färben; Zahlen zuordnen; Malen nach Zahlvorgabe

Die Zahlen 3 und 4

1

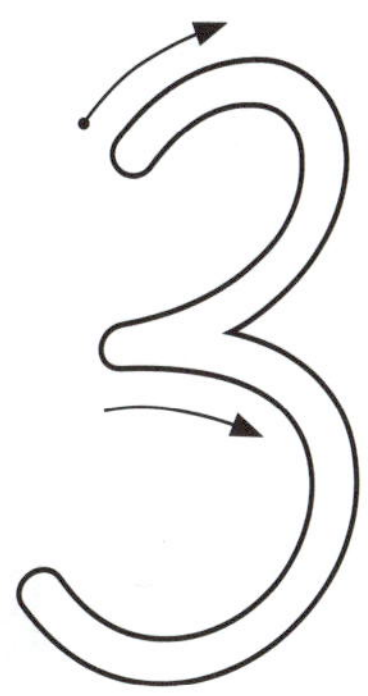

2

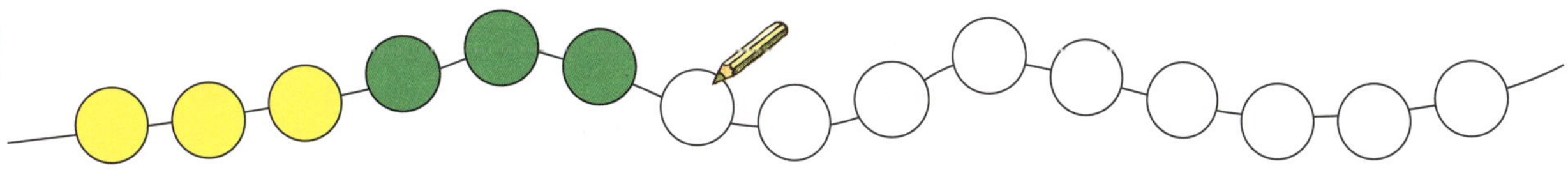

3

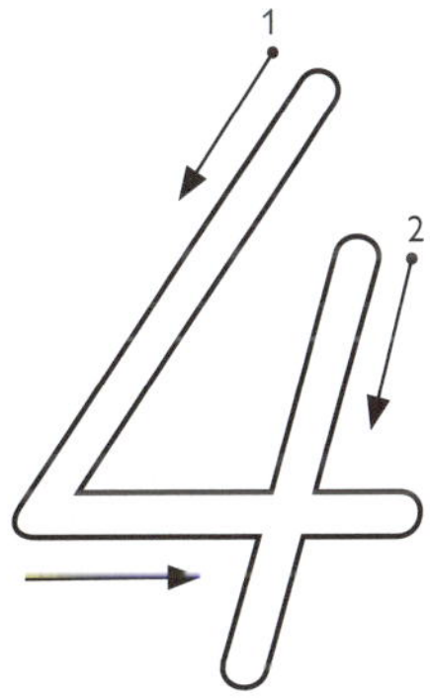

4

4

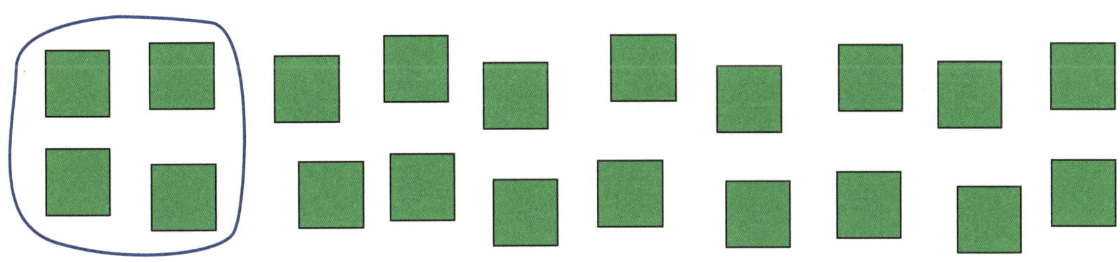

1 und 3: Ziffernschreibweise; Zehnerstreifen färben 2: Kreise nach Vorgabe färben
4: Immer vier Figuren einkreisen

Die Zahlen 5 und 6

1

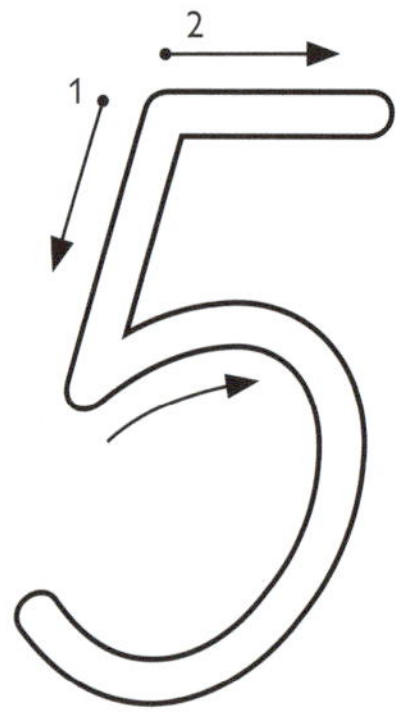

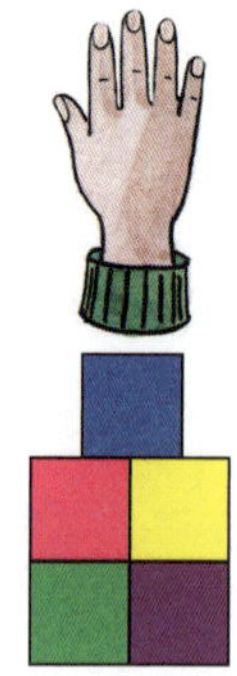

2

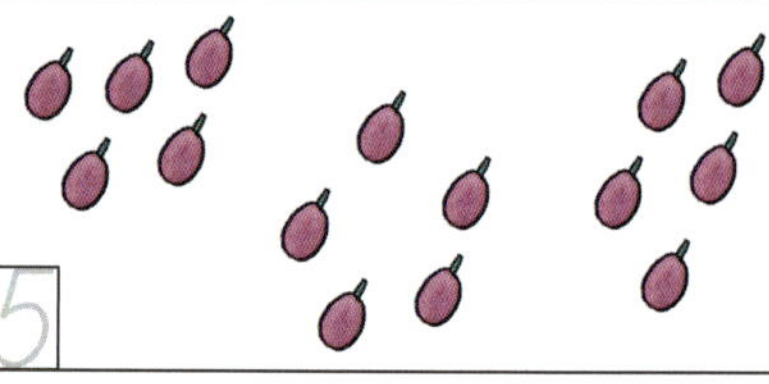

3

4

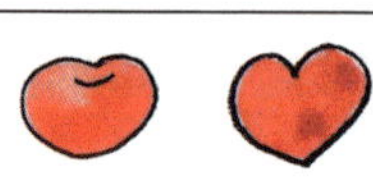

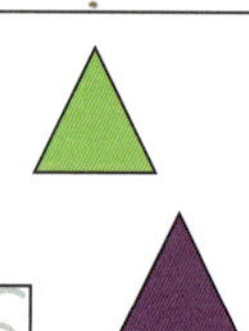

1 und 3: Ziffernschreibweise; Zehnerstreifen färben 2: Fünfermengen kennzeichnen
4: Sechsermengen zeichnen

Vergleichen der Zahlen 1 bis 6

1

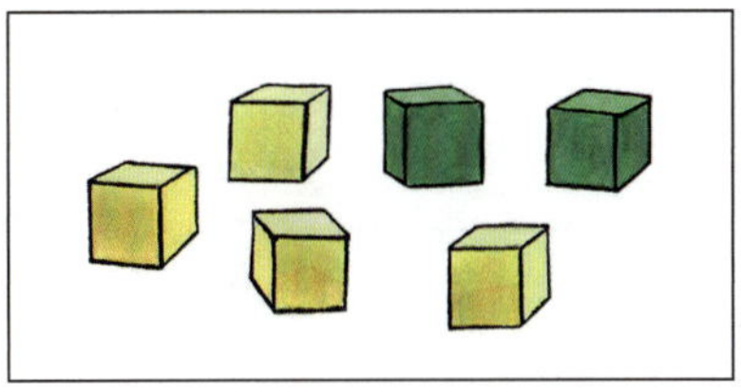 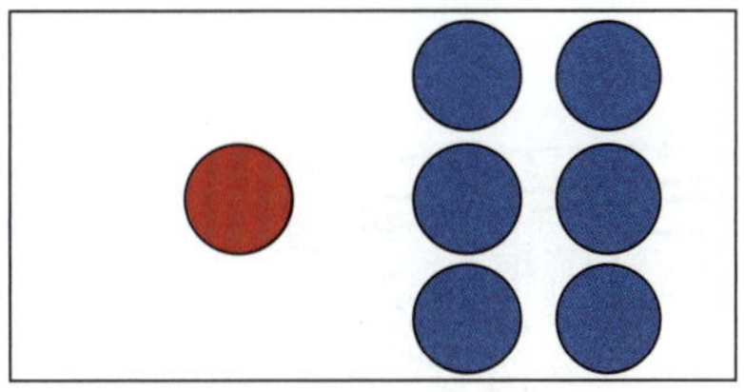 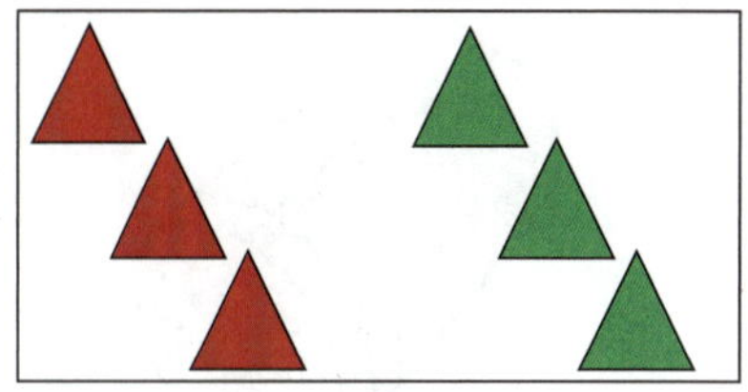

4 __ 2   1 __ 6   3 __ 3

2

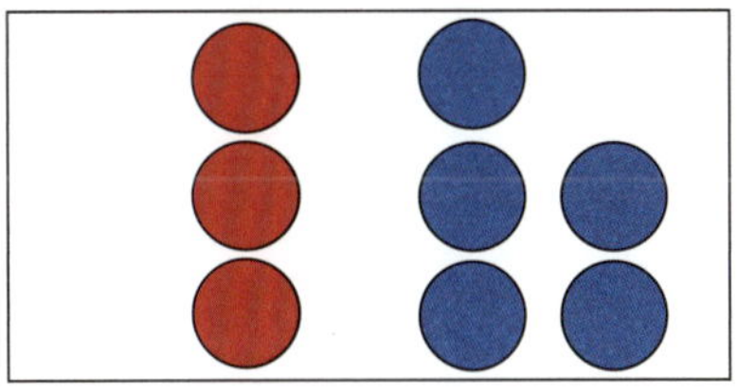 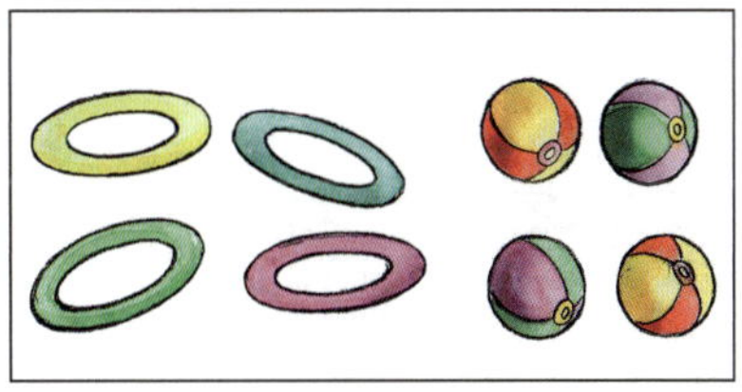 

__ __ __   __ __ __   __ __ __

3

6 __ 6   3 __ 1   2 __ 5

4

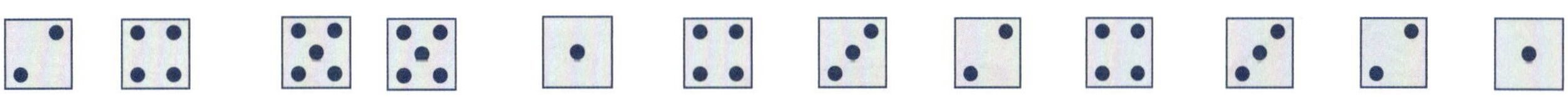

2 __ 4   5 = __   __ __ __   __ __ __   __ __ __   __ __ __

5

1 < 3	4 __ 2	5 __ 3	2 __ 2	6 __ 1
3 __ 5	2 __ 4	6 __ 5	3 __ 1	2 __ 5
2 __ 6	5 __ 5	5 __ 1	3 __ 2	1 __ 1

6

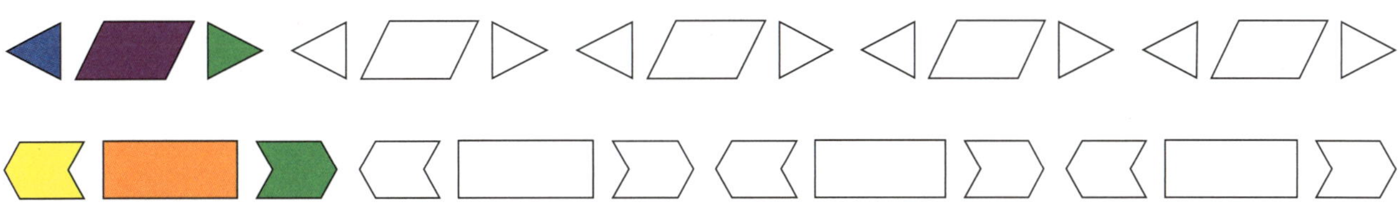

1: Relationszeichen setzen 2: Zahlen den Mengen zuordnen und Relationszeichen setzen 3: Mengen den Zahlen zuordnen und Relationszeichen setzen 4: Zahlen zuordnen und Relationszeichen setzen 5: Relationszeichen setzen 6: Muster erkennen und färben

Zerlegen von Mengen und Zahlen

1

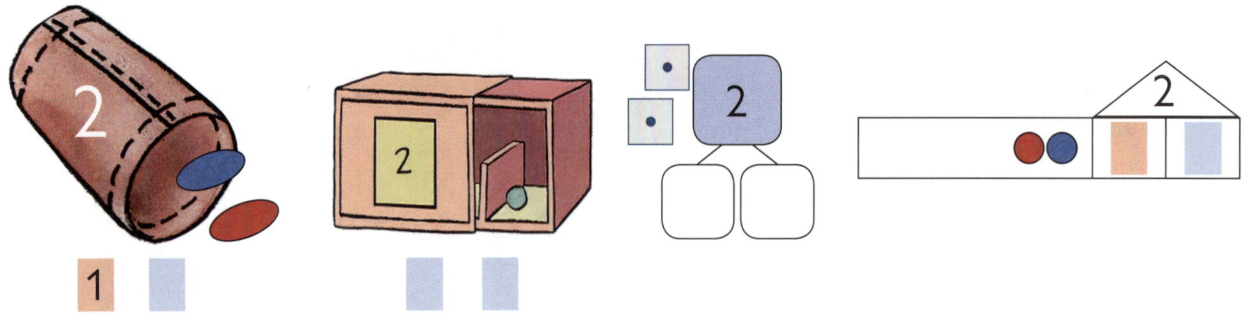

2

3

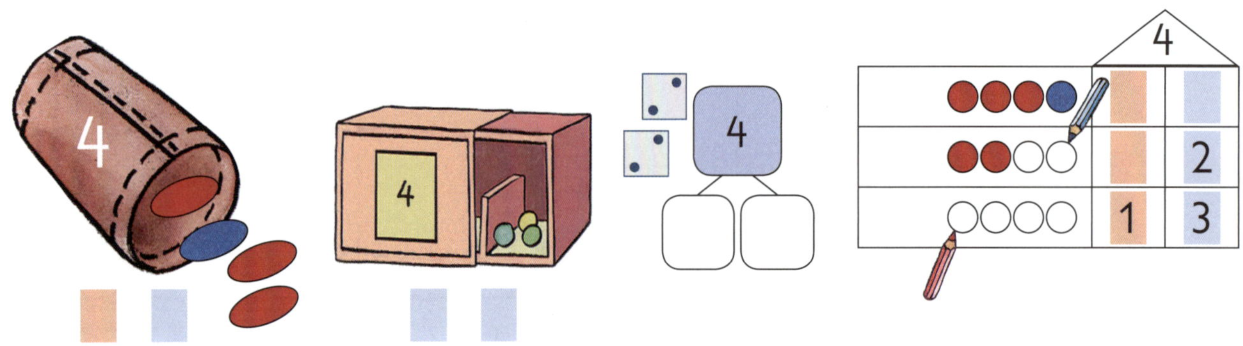

4

5

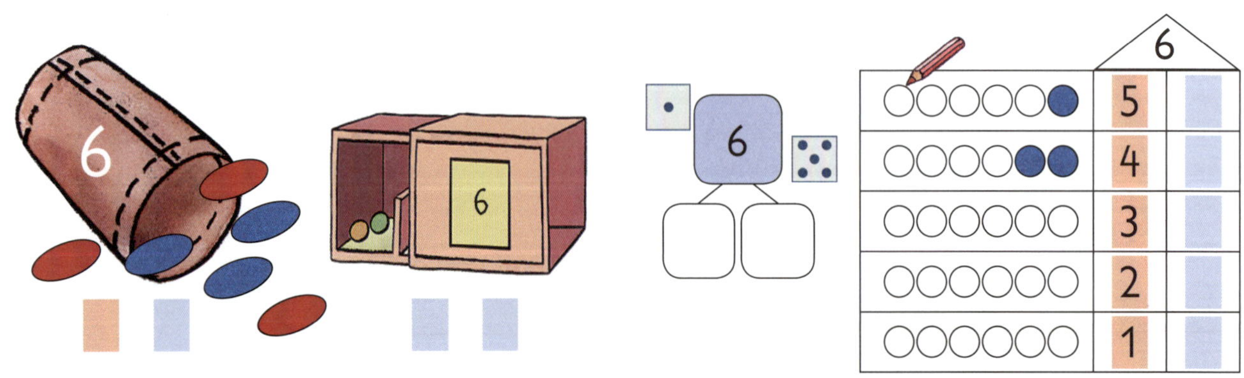

1 bis 5: Zerlegung zur jeweiligen Darstellung angeben

Addieren bis 6

1

☐ + ☐ = ☐

☐ + ☐ = ☐

☐ ◯ ☐ = ☐

☐ ◯ ☐ = ☐

☐ ◯ ☐ = ☐

2

☐ ◯ ☐ = ☐

☐ ◯ ☐ = ☐

☐ ◯ ☐ = ☐

3

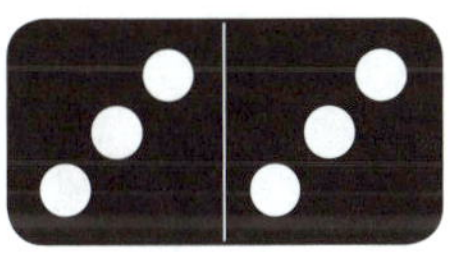

☐ ◯ ☐ = ☐

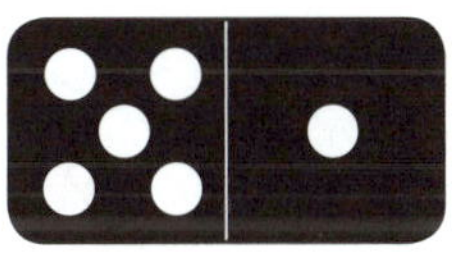

☐ ◯ ☐ = ☐

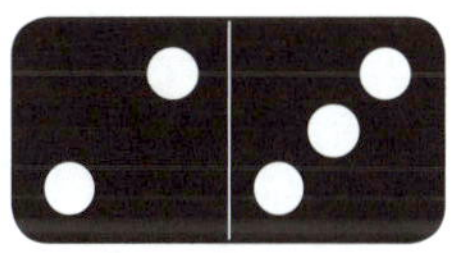

☐ ◯ ☐ = ☐

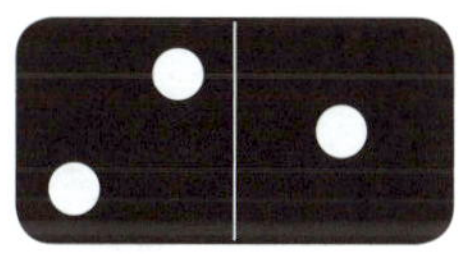

☐ ◯ ☐ = ☐

4

2 + 3 = ☐	1 + 3 = ☐
4 + 1 = ☐	2 + 4 = ☐
3 + 3 = ☐	2 + 1 = ☐
1 + 4 = ☐	3 + 2 = ☐
2 + 2 = ☐	1 + 2 = ☐

3 + 1 = ☐	3 + ☐ = 5
4 + 2 = ☐	2 + ☐ = 4
1 + 2 = ☐	1 + ☐ = 6
1 + 5 = ☐	3 + ☐ = 6
5 + 1 = ☐	2 + ☐ = 5

5

6

6

☐ + 4 = 6
☐ + 3 = 4
☐ + 2 = 5
☐ + 1 = 6
☐ + 3 = 5

Addieren bis 6 – Tauschaufgaben

1

4

1 + 3 = ☐
3 + ☐ = ☐
2 + ☐ = ☐

5

2 + ☐ = ☐
1 + ☐ = ☐
3 + ☐ = ☐
4 + ☐ = ☐

2

6

☐ + ☐ = ☐
☐ + ☐ = ☐
☐ + ☐ = ☐
☐ + ☐ = ☐
☐ + ☐ = ☐

3

+	1	3	2
2			
3			
1			

4

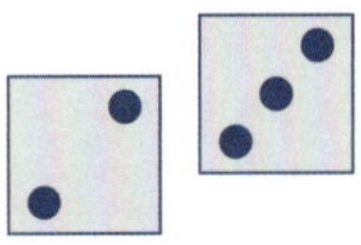

2 + ☐ = ☐
3 + ☐ = ☐

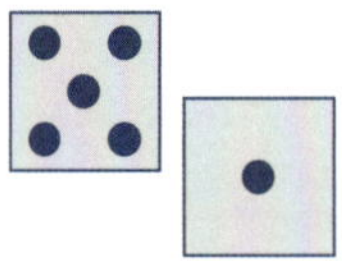

☐ + ☐ = ☐
☐ + ☐ = ☐

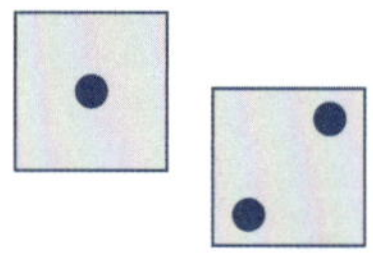

☐ + ☐ = ☐
☐ + ☐ = ☐

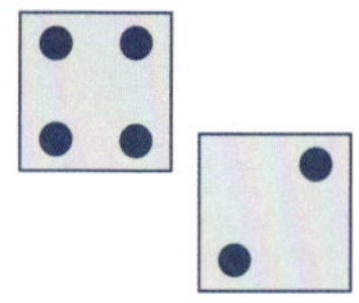

☐ + ☐ = ☐
☐ + ☐ = ☐

5

4 + ☐ = ☐
☐ + 4 = ☐

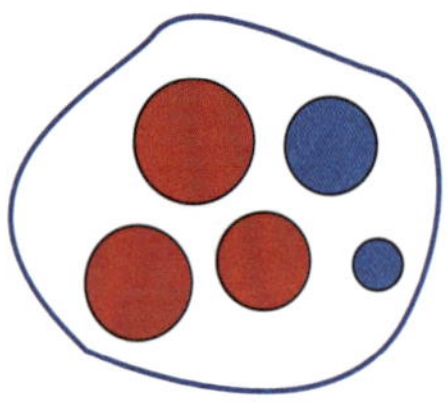

3 + ☐ = ☐
☐ + 3 = ☐

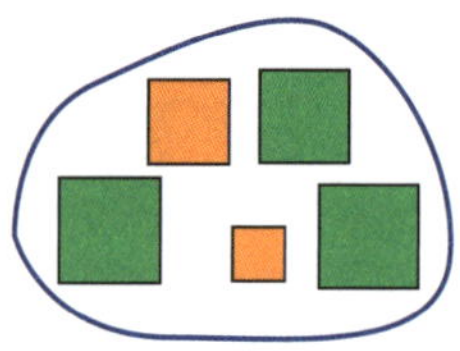

☐ + ☐ = ☐
☐ + ☐ = ☐

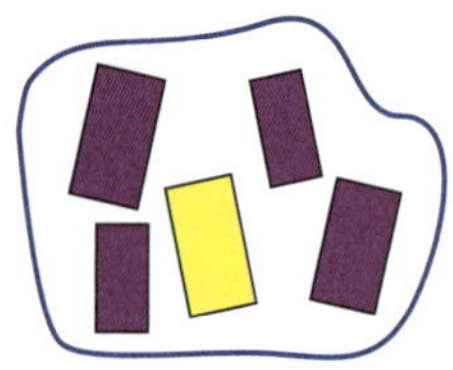

☐ + ☐ = ☐
☐ + ☐ = ☐

6

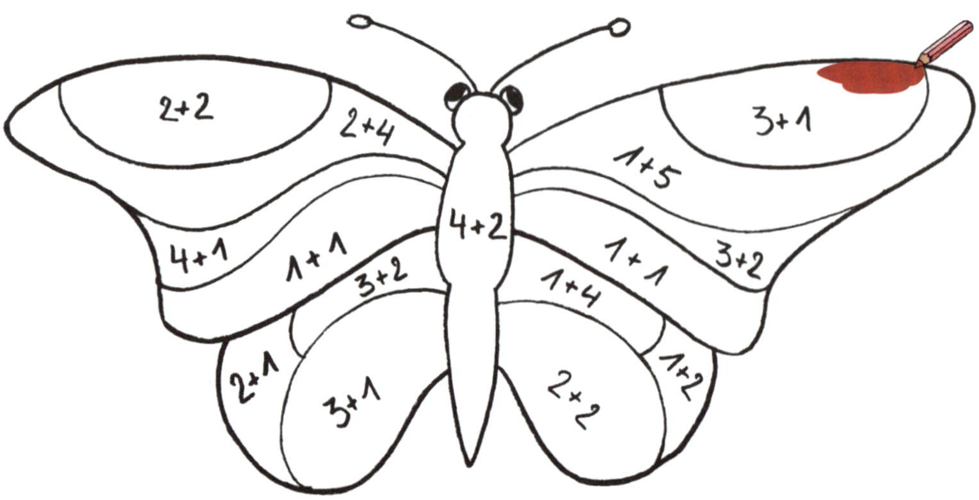

6
4
3
5
2

1 und 2: Platzhalter bestimmen 3: Summe berechnen 4 und 5: Aufgabe und Tauschaufgabe finden und lösen 6: Additionsaufgaben lösen; Ergebnis nach Vorgabe färben

Subtrahieren bis 6

1

6 − ☐ = ☐

☐ − ☐ = ☐

2

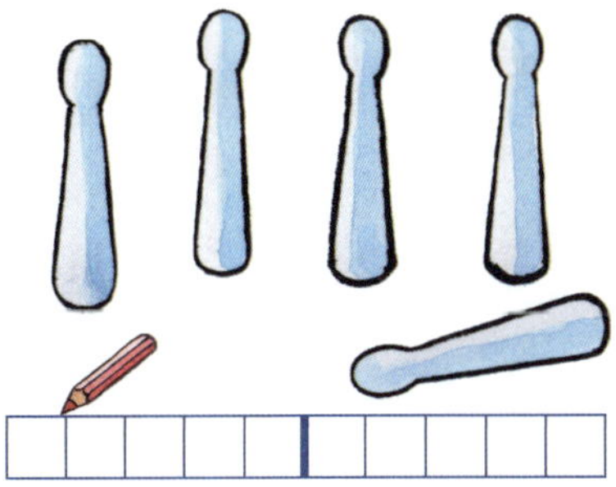

5 − 1 = ☐

☐ − ☐ = ☐

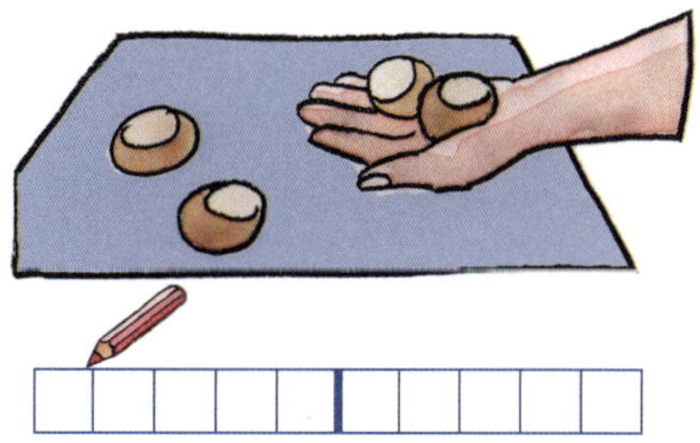

☐ ◯ ☐ = ☐

3 Finde die Aufgabe und löse sie.

5 − 3 = ☐

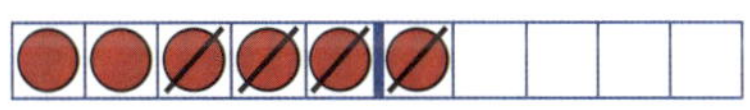

☐ ◯ ☐ ◯ ☐

☐ ◯ ☐ ◯ ☐

4 Male und rechne.

6 − 2 = ☐

3 − 2 = ☐

5 − 4 = ☐

4 − 2 = ☐

5 − 1 = ☐

6 − 5 = ☐

5 Wahr (w) oder falsch (f)? Schreibe die richtige Lösung dahinter.

6 − 3 = 3 (w) ☐	4 − 2 = 2 ◯ ☐	5 − 4 = 2 ◯ ☐
4 − 1 = 2 ◯ ☐	6 − 5 = 3 ◯ ☐	6 − 4 = 1 ◯ ☐
5 − 3 = 2 ◯ ☐	3 − 1 = 2 ◯ ☐	4 − 3 = 1 ◯ ☐

1 bis 3: Aufgaben zum Bild finden, malen, aufschreiben, lösen 4 Zur Aufgabe malen, lösen
5: Differenzen auf wahr oder falsch prüfen und berichtigen

Addieren und Subtrahieren bis 6

1

6 − 3 = ▢ 5 − 2 = ▢ 6 − 5 = ▢ 4 − 2 = ▢ 5 − 2 = ▢

2

6 − 4 3 + 2 2 + 1 1 + 1

6 − 2

6 − 3

5 − 1 2 + 2 1 + 4

3

3 + 2 = ▢	1 + 5 = ▢
6 − 4 = ▢	5 − 3 = ▢
3 + 3 = ▢	4 + 2 = ▢
1 + 5 = ▢	6 − 5 = ▢

4

▢ − 3 = 3	6 − ▢ = 1
2 + ▢ = 6	▢ + 4 = 5
6 − ▢ = 4	5 − ▢ = 2
▢ + 2 = 3	▢ − 2 = 4

▢	5	6	6	2
	1	6	2	6
▢	6	2	4	6
	3	1	1	5

5

Mauer	oben	unten links	unten rechts
1		1	4
2		3	2
3		2	4
4	6	2	
5	5		2
6		3	3

6

−	2	4	3
5			
6			

+			1
2	4		
3		6	

−	3		
6			5
4		2	

1: Punkte wegstreichen; Aufgabe zuordnen und lösen 2: Lösungen den Aufgaben zuordnen und entsprechend färben 3 und 4: Addieren und Subtrahieren 5: Rechenmauern lösen 6: Tabellen ergänzen

SB 27–28 **TÜ** 13–14

Addieren und Subtrahieren bis 6 – Umkehraufgaben

1

☐ + ☐ = ☐

☐ + ☐ = ☐

☐ − ☐ = ☐

☐ − ☐ = ☐

2 Lege und rechne.

4 + 2 = ☐
3 − 1 = ☐
2 + 2 = ☐
1 + 5 = ☐
5 − 3 = ☐

1 + 2 = ☐
4 − 3 = ☐
2 − 1 = ☐
3 + 2 = ☐
1 + 4 = ☐

3

Rechenmauer 1:
6
4 | ☐
3 | ☐ | ☐

Rechenmauer 2:
6
☐ | ☐
☐ | ☐ | ☐

☐ 5 5 4 6 3
2 1 1 6 2

4

6 − ☐ = ☐

2 + ☐ = ☐

5

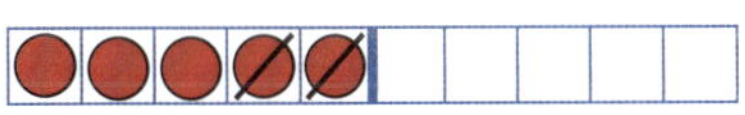

5 − 2 = ☐
3 + 2 = ☐

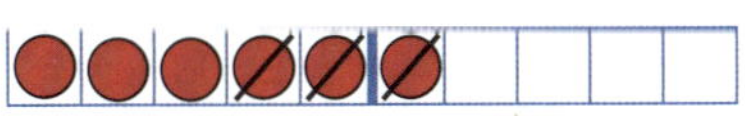

6 − 3 = ☐
3 + ☐ = ☐

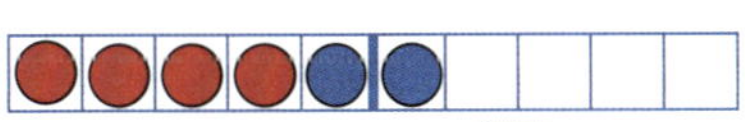

4 + 2 = ☐
☐ − ☐ = ☐

☐ + ☐ = ☐
☐ − ☐ = ☐

6

4 —(+2)→ ☐, ☐ —(−2)→ 4

4 + 2 = ☐
☐ − 2 = ☐

3 —(+2)→ ☐, ☐ —(−2)→ 3

3 + 2 = ☐
☐ − 2 = ☐

1 —(+ ☐)→ 4, 4 —(− ☐)→ 1

1 + ☐ = 4
4 − ☐ = ☐

6 —(−4)→ ☐, ☐ —(+4)→ 6

6 − 4 = ☐
☐ + 4 = ☐

Die Zahl 0

1

5 − 1 =

4 − 2 =

2 − 2 =

2

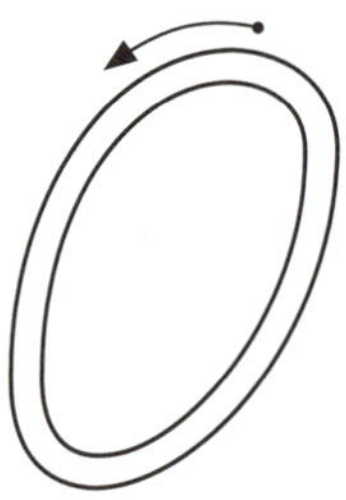

0 0 0 0 0 0 0 0 0 0 0 0 0 0 0 0 0 0 0

3

0	1	2	3					4	2	0	3

4

3 + 1 =
4 + 2 =
0 + 5 =
3 + 3 =
6 + 0 =

4 − 1 =
5 − 2 =
3 − 0 =
6 − 2 =
4 − 4 =

2 + 2 =
5 − 3 =
4 + 1 =
6 − 6 =
0 + 3 =

5

3	0	

6		
2		

5	0	

6

0 1 2 3 4 5 6 0

1: Differenzen bilden 2: Schreibweise der Ziffer 0 3: Zahlen und Mengen zuordnen 4: Additions- und Subtraktionsaufgaben lösen 5: Rechenmauern lösen

SB 30–31 **TÜ** 15–16

Die Zahlen 7 und 8

1

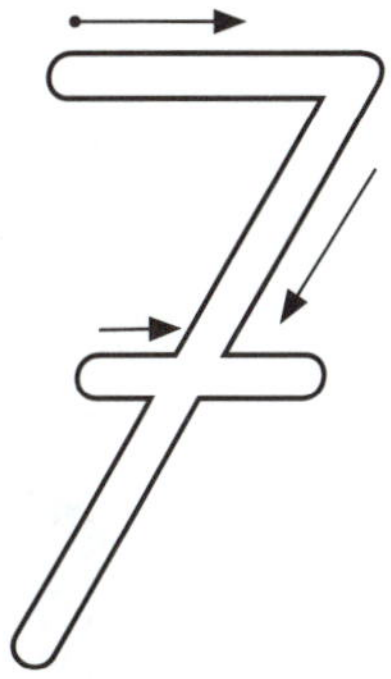

2

7

7

3

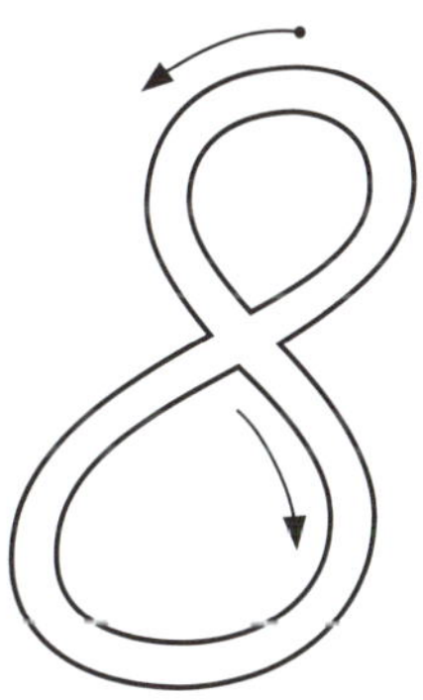

4

8

8

Die Zahlen 9 und 10

1

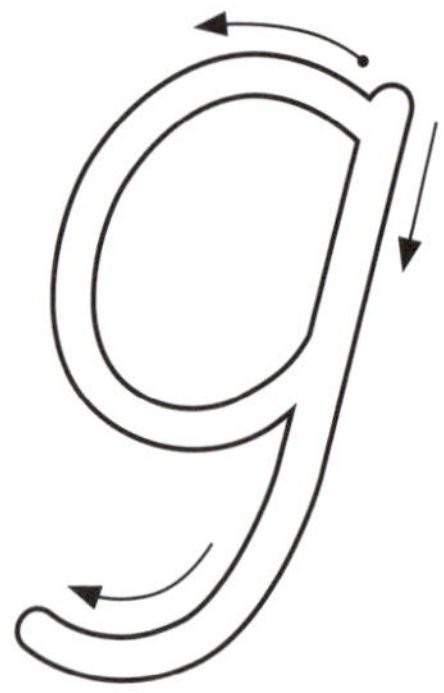

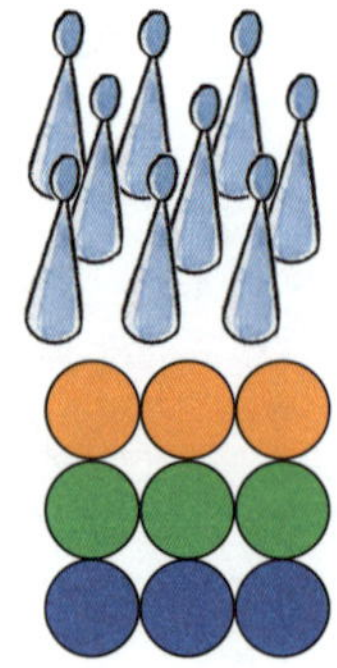

2

9

9

3

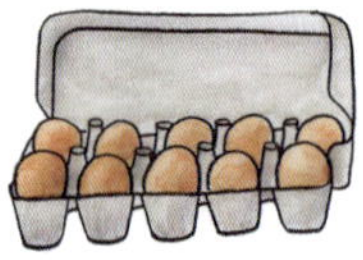

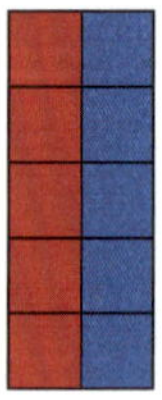

4

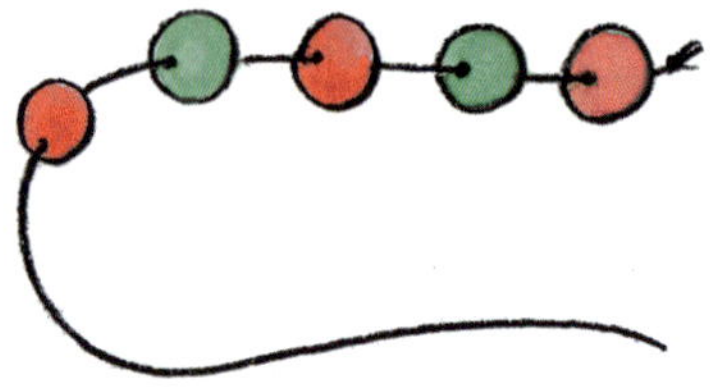

10

10

Vergleichen der Zahlen von 0 bis 10

1

☐ ◯ ☐

☐ ◯ ☐

☐ ◯ ☐

2

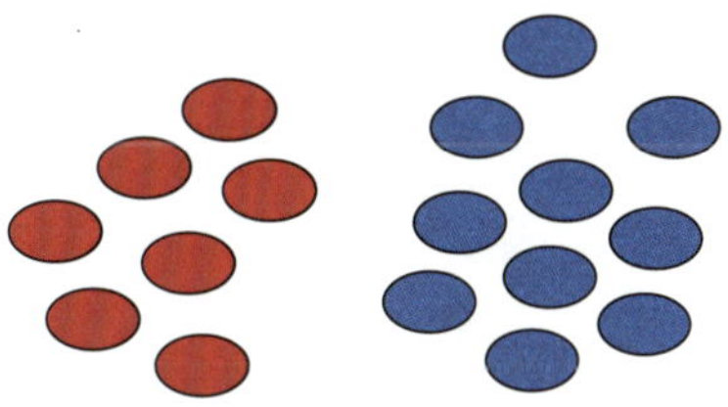
☐ ◯ ☐

☐ ◯ ☐

☐ ◯ ☐

3

☐ = 6

☐ > ☐

7 < ☐

4

2 ◯ 8	2 ◯ 8	10 ◯ 6	4 ◯ 5	3 ◯ 1
5 ◯ 3	5 ◯ 9	2 ◯ 4	3 ◯ 3	6 ◯ 9
7 ◯ 7	3 ◯ 7	8 ◯ 3	0 ◯ 2	2 ◯ 7
5 ◯ 0	10 ◯ 1	7 ◯ 5	8 ◯ 6	5 ◯ 5
9 ◯ 4	4 ◯ 4	9 ◯ 0	9 ◯ 5	0 ◯ 4

5

8 > ☐
4 < ☐
7 < ☐
9 > ☐
0 = ☐

6

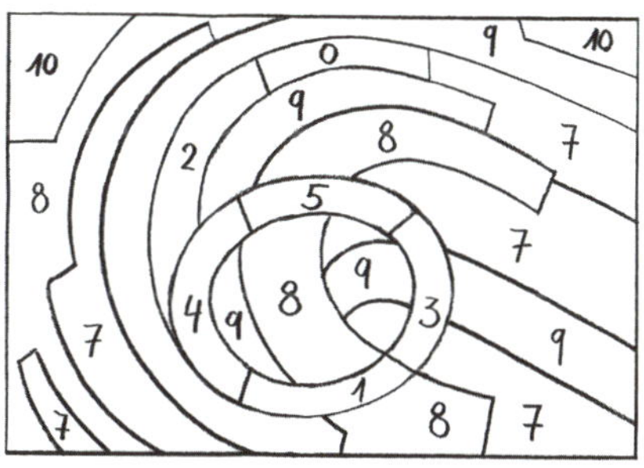

☐ < 6

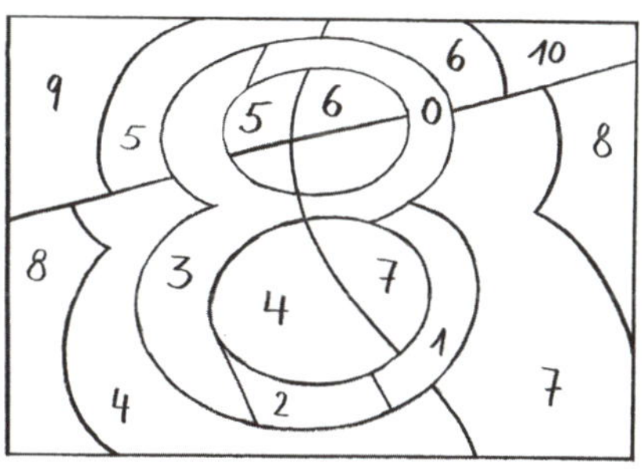

☐ < 3

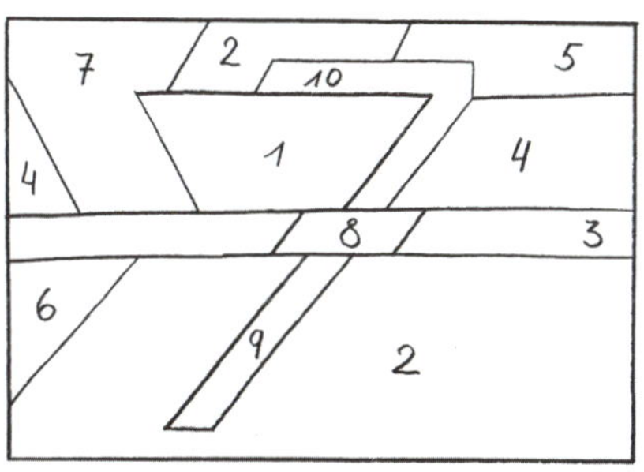

☐ > 7

1 und 2: Anzahl der Figuren bestimmen; Zahl zuordnen; Zahlen vergleichen 3: Mengen einzeichnen und Zahlen zuordnen 4: Zahlen vergleichen; Relationszeichen setzten 5: Zahlen finden; mehrere Möglichkeiten nennen 6: Färben der zum Vergleich passenden Zahlenfelder

Zerlegen der Zahlen von 1 bis 10

1

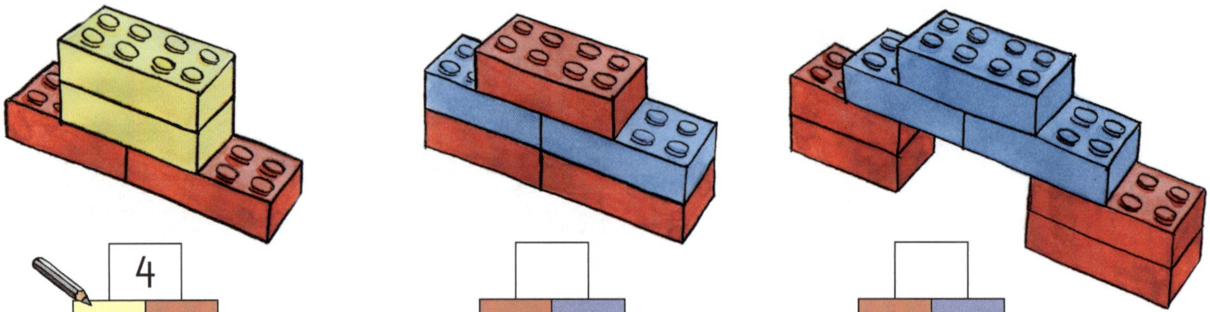

4

2

6 8 10 5 9 7

3

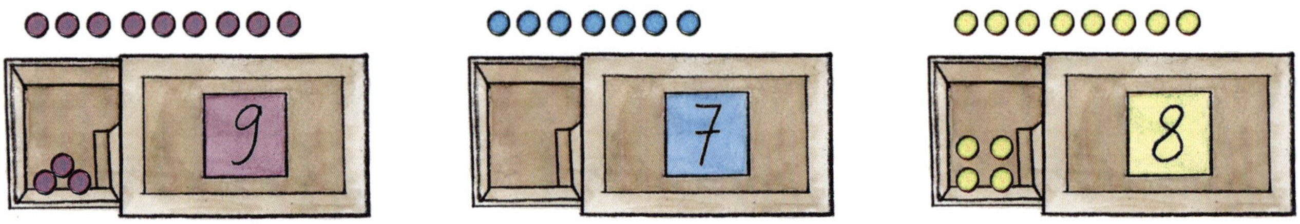

3

4

10 5 8 7 3

5

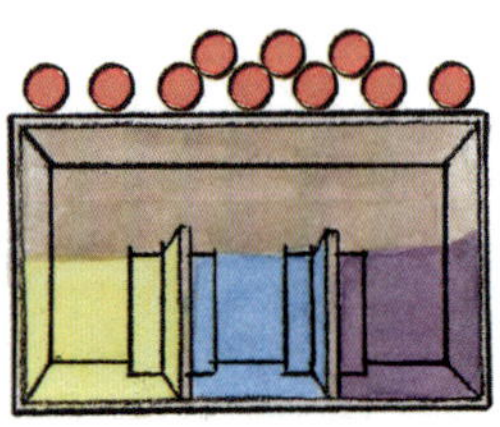

10 10 10 10

1: Anzahl ermitteln; Zahl zerlegen 2 und 3: Zerlegung angeben 4: Immer vier mögliche Zerlegungen zu jeder Zahl angeben 5: Verschiedene Möglichkeiten der Zerlegung angeben

Vorgänger und Nachfolger

1 0 — 1 — ☐ — 3 — 4 — ☐ — 6 — ☐ — ☐ — 9 — 10 →

2

☐ — 3 — ☐ —   7 — ☐ — ☐ —   ☐ — ☐ — ☐ — 10 —

2 — ☐ — 4 —   6 — ☐ — ☐ — ☐ —   ☐ — 5 — ☐ — 7 —

3

V	Z	N
	6	
	3	
	9	
	7	
	5	

V	Z	N
3		
	1	
		5
	9	
7		

V	Z	N
		8
	5	
7		
	2	
		7

4

5

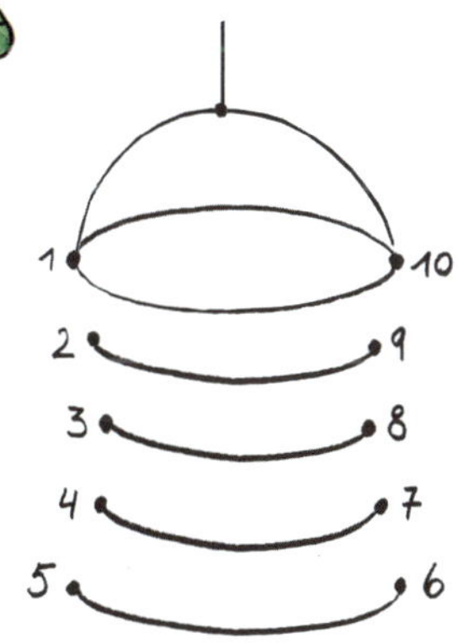

1 und 2: Zahlenfolge vervollständigen   3: V, N und fehlende Zahlen eintragen   4: Zahlen der Reihenfolge nach ordnen   5: Verbinden der Zahlenfolge

Der Zahlenstrahl

1

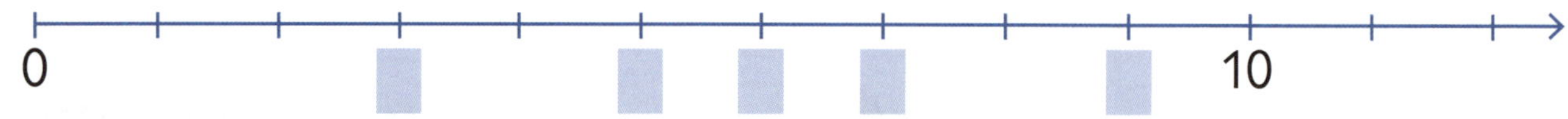

2

4 < 7

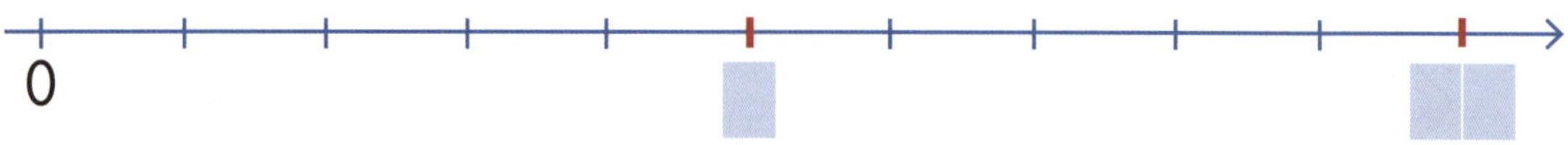

___ < ___

___ < ___

3

___ ist Nachfolger von 5.
___ ist Vorgänger von ___.

4

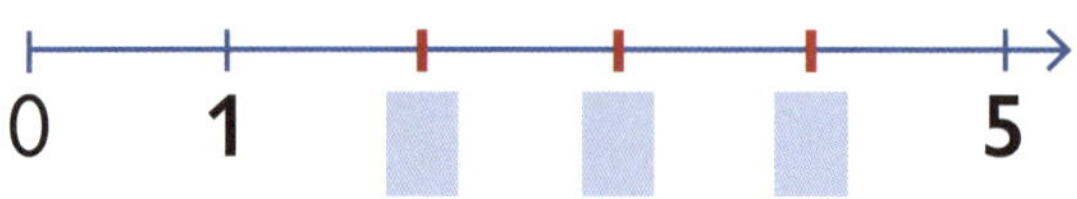

Zwischen 1 und 5 liegen ___, ___ und ___.

5

2 > ___, 2 > ___
4 > ___, 4 > ___, 4 > ___, 4 > ___

6 < ___, 6 < ___, 6 < ___, 6 < ___
8 < ___, 8 < ___

6

1 > ___
9 < ___

7

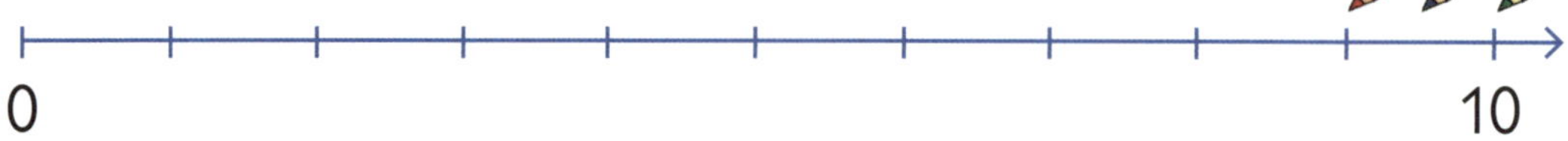

Rechts von der 6 liegen die Zahlen ___, ___, ___, ___.
Links von der 4 liegen ___, ___, ___, ___.
Zwischen der 8 und der 4 liegen die Zahlen ___, ___, ___.

1: Gesuchte Zahlen eintragen 2: Zahlen zuordnen 3: Vorgänger und Nachfolger bestimmen
4: Zahlen angeben 5 und 6: Zahlen finden und eintragen 7: Begriffe „Rechts", „Links" und „Zwischen" verstehen; Zahlen angeben

SB 44–45

Ordnungszahlen

1

2

3

4

5

1., 3., 10.   2., 5., 7.   4., 9.   6., 8.

Addieren bis 10

1

3 + □ = □

□ + □ = □

□ ○ □ ○ □

2 Lege, male und rechne.

1 + 6 = □ | 2 + 5 = □ | 6 + 4 = □□

3 Rechne.

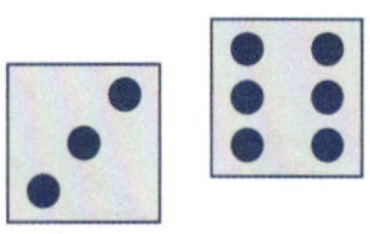

□ ○ □ = □

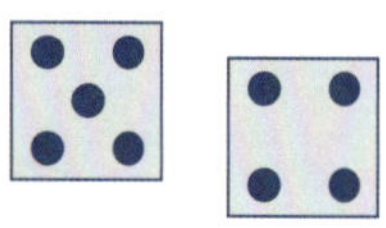

□ ○ □ = □

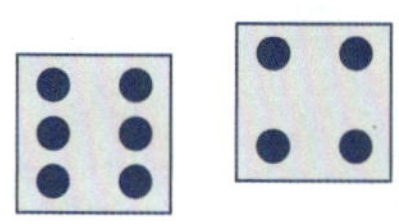

□ ○ □ = □□

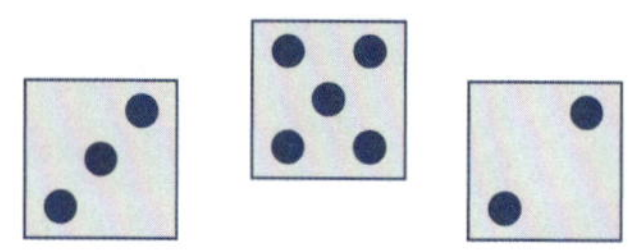

□ ○ □ ○ □ = □□

4

3 + 2 = □ | 3 + □ = 10
1 + 3 = □ | 4 + □ = 9
3 + 3 = □ | 2 + □ = 5
5 + 3 = □ | 1 + □ = 8
4 + 4 = □ | 2 + □ = 7

5

□ + 2 = 10
□ + 4 = 8
□ + 1 = 9
□ + 3 = 6
□ + 5 = 10

□	8	6	5	4	8
	7	5	7	3	5
	6	2	4	6	4
□	8	3	5	4	8
	10	9	6	8	6
■	2	3	2	7	1

6

6 + □ = 10
2 + □ = 8
5 + □ = 7
1 + □ = 5
3 + □ = 9

7

3 + 2 + 5 = □□
1 + 4 + 3 = □
2 + 2 + 2 = □
5 + 1 + 0 = □
6 + 2 + 1 = □

8

2 + 1 + □ = 10
□ + 2 + 5 = 9
□ + 3 + 4 = 8
4 + □ + 2 = 8
3 + □ + 2 = 8

9 Wie heißt die Summe aus 6 und 3?

□ ○ □ = □

1 bis 3: Additionsaufgaben finden und lösen   4 bis 8: Additionsaufgaben lösen
9: Additionsaufgabe finden und lösen

1

3 + ☐ = ☐
4 + ☐ = ☐

3 + ☐ = ☐
5 + ☐ = ☐

3 + ☐ = ☐
2 + ☐ = ☐

Aufgaben und Tauschaufgaben

2

3 + 4 = ☐
☐ + ☐ = ☐

2 + 6 = ☐
☐ + ☐ = ☐

5 + 2 = ☐
☐ + ☐ = ☐

3 + ☐ = 8
☐ + ☐ = 8

1 + ☐ = 9
☐ + ☐ = ☐

2 + ☐ = 6
☐ + ☐ = ☐

3

☐ + 2 = 6
☐ + ☐ = ☐

☐ + 4 = 9
☐ + ☐ = ☐

☐ + 9 = 10
☐ + ☐ = ☐☐

☐ + ☐ = 9
☐ + ☐ = ☐

☐ + ☐ = 9
☐ + ☐ = ☐

☐ + ☐ = 9
☐ + ☐ = ☐

4 Male Aufgabe und Tauschaufgabe in der gleichen Farbe an.

2 + 4 = ☐
2 + 7 = ☐
1 + 8 = ☐
5 + 4 = ☐
4 + 5 = ☐
3 + 6 = ☐
7 + 2 = ☐
4 + 2 = ☐
8 + 1 = ☐
6 + 3 = ☐

5

3 + ☐ = 7
2 + ☐ = 6
5 + ☐ = 10
1 + ☐ = 6
2 + ☐ = 8

6

☐ + 3 = 8
☐ + 1 = 9
☐ + 4 = 7
☐ + 5 = 10
☐ + 3 = 6

7

4 + ☐ = 7
☐ + 5 = 7
☐ + 6 = 7
3 + ☐ = 9
1 + ☐ = 8

☐ 6 5 4 5 4

☐ 3 5 8 5 3
1 7 3 6 2

8

	☐	
☐		☐
3	2	3

9

	☐	
5		☐
2	☐	1

10

	8	
☐		3
3	☐	1

Subtrahieren bis 10

1

7 − ☐ = ☐

9 − ☐ = ☐

☐ ○ ☐ = ☐

2 Lege, male und rechne.

8 − 6 = ☐   10 − 4 = ☐   7 − 5 = ☐

3 Rechne.

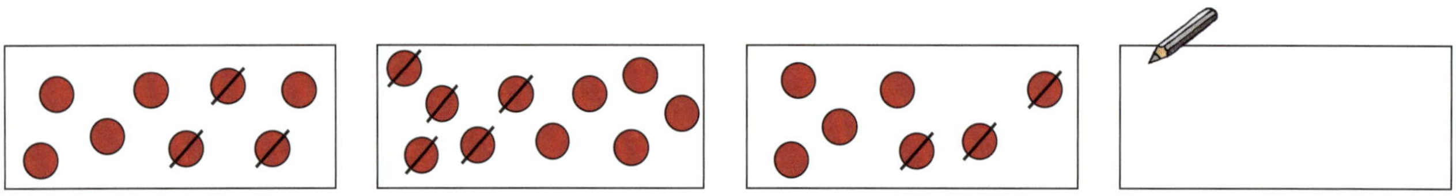

8 − 3 = ☐   10 − ☐ = ☐   ☐ − ☐ = ☐   9 − 3 = ☐

4

6 − 3 = ☐
8 − 4 = ☐
7 − 6 = ☐
5 − 4 = ☐
8 − 6 = ☐

8 − ☐ = 5
9 − ☐ = 3
10 − ☐ = 2
5 − ☐ = 1
7 − ☐ = 2

5

☐ − 3 = 4
☐ − 5 = 1
☐ − 2 = 6
☐ − 7 = 2
☐ − 6 = 3

6 − ☐ = 5
☐ − 2 = 7
8 − ☐ = 3
6 − ☐ = 1
☐ − 3 = 5

☐ 1 2 3
4 1 3
6 8 4
5

☐ 7 6 9
9 8 1
5 5 9
8

6

5 − 0 = ☐
6 − 1 = ☐
7 − 2 = ☐
8 − 3 = ☐
☐ − ☐ = ☐

7 − 2 = ☐
7 − 3 = ☐
7 − 4 = ☐
☐ − ☐ = ☐
☐ − ☐ = ☐

7

3 − 3 = ☐
4 − 3 = ☐
5 − 3 = ☐
☐ − ☐ = ☐
☐ − ☐ = ☐

2 − 2 = ☐
4 − 3 = ☐
6 − 4 = ☐
☐ − ☐ = ☐
☐☐ − ☐ = ☐

8 Bilde die Differenz aus 10 und 6.

☐☐ ○ ☐ = ☐

1 bis 3: Subtraktionsaufgaben finden und lösen   4 und 5: Subtraktionsaufgaben lösen
6 und 7: Aufgabenfolge fortsetzen und lösen   8: Aufgabe finden und lösen

Umkehraufgaben

1

$9 - 4 = \square$
$5 + 4 = \square$

2

$4 + 5 = \square$
$9 - 5 = \square$

$8 + 2 = \square\square$
$10 - \square = \square$

$3 + 4 = \square$
$\square - \square = \square$

$2 + 7 = \square$
$\square - \square = \square$

3

$9 - 6 = \square$
$3 + 6 = \square$

$10 - 4 = \square$
$6 + \square = \square\square$

$8 - 7 = \square$
$\square + \square = \square$

$5 - 4 = \square$
$\square + \square = \square$

4

$3 + 2 = \square$
$\square - \square = \square$

$1 + 5 = \square$
$\square - \square = \square$

$2 + 5 = \square$
$\square - \square = \square$

5

$6 - 4 = \square$
$\square + \square = \square$

$4 - 3 = \square$
$\square + \square = \square$

$7 - 6 = \square$
$\square + \square = \square$

6

$4 + 2 = \square$
$\square - \square = \square$

$8 - 5 = \square$
$\square + \square = \square$

$7 + 3 = \square\square$
$\square\square - \square = \square$

7

Rechenmauer 1: oben: □ / Mitte: □ □ / unten: 6 0 2

Rechenmauer 2: oben: 10 / Mitte: 5 □ / unten: 2 □ □

Rechenmauer 3: oben: 10 / Mitte: □ □ / unten: 3 2 □

Rechenmauer 4: oben: 10 / Mitte: □ 4 / unten: □ □ 0

8

$2 + 3 + 4 = \square$
$6 - 2 - 3 = \square$
$5 + 3 + 2 = \square\square$
$4 - 2 - 1 = \square$
$3 + 2 + 2 = \square$

9

$4 + 3 + \square = 8$
$2 + 2 + \square = 6$
$8 - 3 - \square = 3$
$1 + 5 + \square = 10$
$7 - 2 - \square = 2$

□ 1 9 1 7 10

□ 2 1 4 3 2

Addieren und Subtrahieren bis 10 – Aufgabenfamilien

1
6 + 3 = □ □ − 3 = 6
3 + 6 = □ □ − 6 = 3

2 + 6 = □ □ − 6 = 2
6 + 2 = □ □ − 2 = 6

Bilde Aufgabenfamilien.

2 1 5 6

1 + 5 = □ □ − 5 = 1
5 + 1 = □ □ − 1 = 5

3 4 5 9

4 + 5 = □ □ − 5 = 4
5 + 4 = □ □ − 4 = 5

4 2 6 8

□ + □ = □ □ − □ = □
□ + □ = □ □ − □ = □

5 3 7 4

□ + □ = □ □ − □ = □
□ + □ = □ □ − □ = □

Hier fehlen Zahlen.
Ergänze so, dass du eine Aufgabenfamilie bilden kannst.

6 4 3 ○

□ ○ □ = □ □ ○ □ = □
□ ○ □ = □ □ ○ □ = □

7 ○ ○ 9

□ ○ □ = □ □ ○ □ = □
□ ○ □ = □ □ ○ □ = □

Erzähle.
Finde Aufgaben zum Bild und löse sie.

8

□ ○ □ = □

9

□ ○ □ = □

10

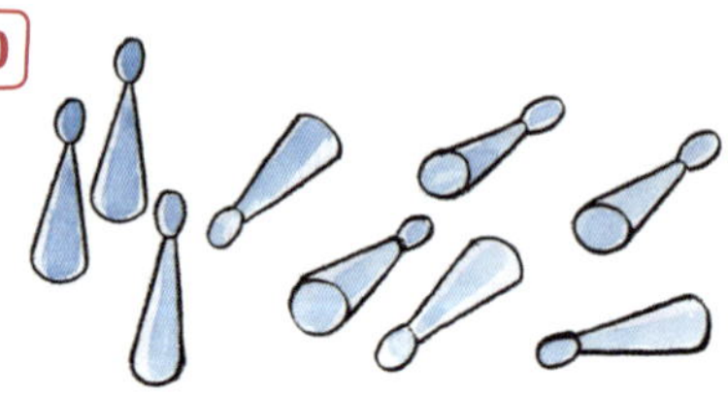

□ ○ □ = □

1: Addieren und Subtrahieren 2 bis 5: Aufgabenfamilien bilden 6 und 7: Zahlentripel vervollständigen; Aufgabenfamilien bilden 8 bis 10: Geschichte erzählen; Aufgabe finden und lösen

Sachaufgaben – Rechengeschichten erzählen

1

5 – __ = __

9 – __ = __

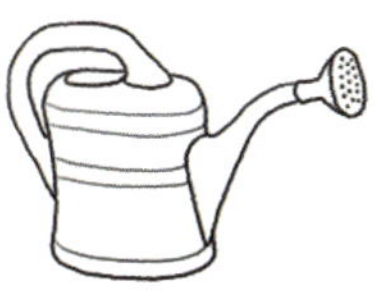

__ + __ = __

__ + __ = __

__ + __ = __

__ + __ = __

__ + __ = __

__ – __ = __

1: Sachverhalte im Bild finden; Aufgaben bilden und lösen

1

Gleichungen und Ungleichungen

1 Setze die Zeichen <, =, > ein.

2 + 4 ○ 8	8 − 5 ○ 2	5 − 4 ○ 2	4 + 4 ○ 7
1 + 5 ○ 4	10 − 6 ○ 5	6 + 3 ○ 9	10 − 5 ○ 5
2 + 4 ○ 6	9 − 2 ○ 6	9 − 5 ○ 4	6 + 4 ○ 10

2 Berechne die Summen und Differenzen und vergleiche. Setze die Zeichen <, =, > ein.

3 + 4 ○ 8 − 2	10 − 4 ○ 2 + 4	9 + 0 ○ 8 + 1
6 + 3 ○ 10 − 2	5 − 4 ○ 4 − 3	8 − 4 ○ 2 + 3
7 + 2 ○ 4 + 6	7 + 3 ○ 6 + 2	10 − 5 ○ 9 − 4

3 Führe die Reihen weiter.

3 + 0 < 8	7 − 4 > 2
3 + 1 < 8	7 − □ > 2
3 + □ < 8	7 − □ > 2
3 + □ < 8	7 − □ > 2
3 + □ < 8	7 − □ > 2

4 Welche Zahlen kannst du einsetzen? Schreibe sie auf.

7 − □ > 4
4 + □ < 9
6 + □ < 10

5 Vier Aufgaben haben das gleiche Ergebnis.

6 − 2 = □
2 + 2 = □
7 − 3 = □
0 + 4 = □
→ □

5 + 2 = □
7 − 0 = □
10 − 3 = □
3 + 4 = □
→ □

6 Finde 4 Aufgaben zum gleichen Ergebnis.

3 + 2 =
□ + □ =
□ − □ =
□ − □ =
→ 5

2 + 4 + □ =
□ + □ + □ =
□ + □ + □ =
□ + □ + □ =
→ □

7 Berechne die Summe aus 3 und 6.

□ ○ □ = □

8 Berechne die Differenz aus 9 und 6.

□ ○ □ = □

Geldwerte von 1 Cent bis 10 Cent

1 Kreise immer 10 Cent ein.

2

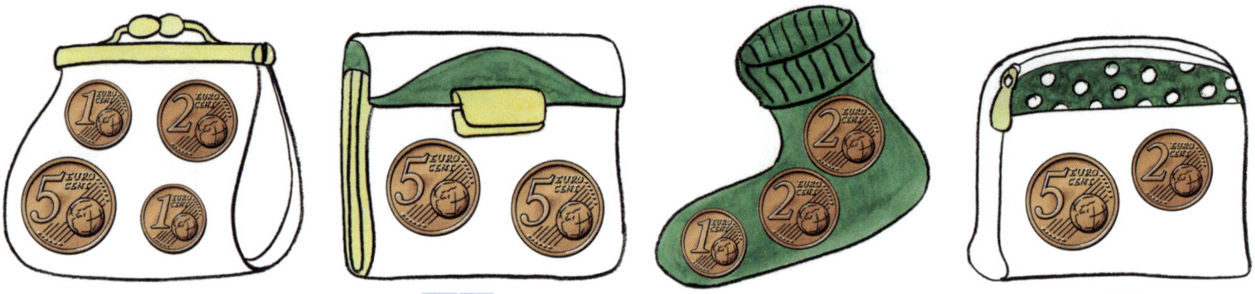

☐ ct ☐☐ ct ☐ ct ☐ ct

3

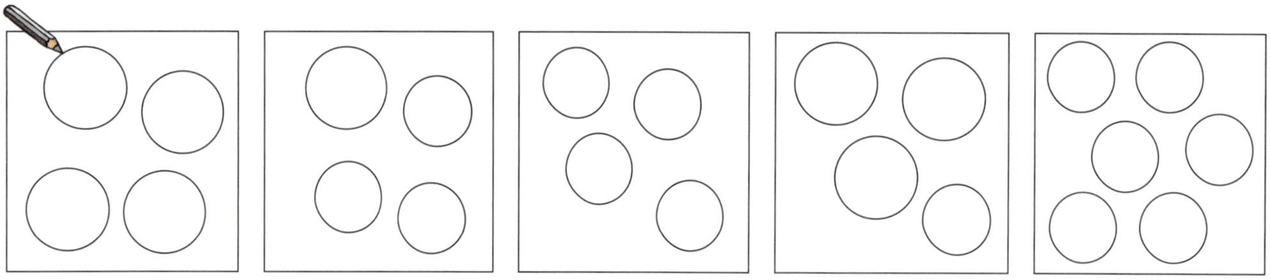

8 ct 5 ct 4 ct 7 ct 6 ct

4 Lege und rechne.

5 ct + 2 ct = ☐ ct	8 ct − 7 ct = ☐ ct	6 ct − ☐ ct = 3 ct
7 ct + 3 ct = ☐☐ ct	9 ct − 6 ct = ☐ ct	10 ct − ☐ ct = 5 ct
1 ct + 0 ct = ☐ ct	5 ct − 2 ct = ☐ ct	7 ct − ☐ ct = 5 ct

5 2 ct + 3 ct + 5 ct + 2 ct = ☐☐ ct
3 ct + 2 ct + 5 ct + 1 ct = ☐☐ ct
1 ct + 6 ct + 4 ct + 3 ct = ☐☐ ct

1		5 ct + 2 ct = ___ ct	5
2	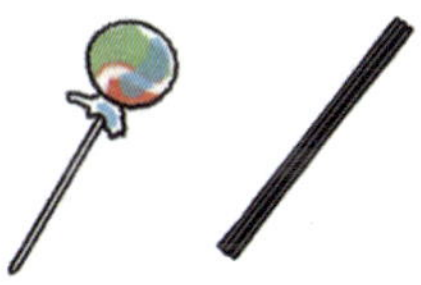	5 ct + ___ ct = ___ ct	5
3		___ ct + ___ ct = ___ ct	
4		___ ct + ___ ct = ___ ct	
5	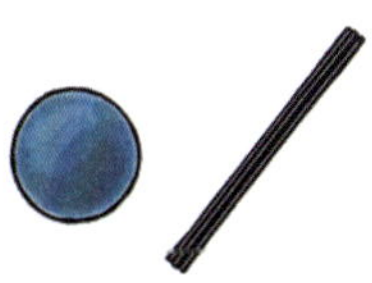	___ ct + ___ ct = ___ ct	
6		___ ct + ___ ct = ___ ct	
7		___ ct + ___ ct = ___ ct	

1 bis 7: Additionsaufgaben finden und lösen; zum Preis die passenden Münzen zeichnen; Aufgabe mit Rechengeld nachlegen

Geldwerte von 1 Euro bis 10 Euro

1

 ___ €

 ___ €

 ___ €

 ___ €

2 Bezahle auf verschiedene Weise.

5	–	–

3

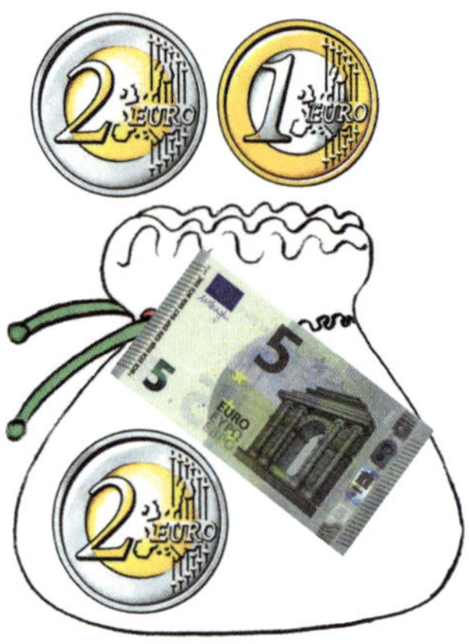

___ € + ___ € = ___ ___ €

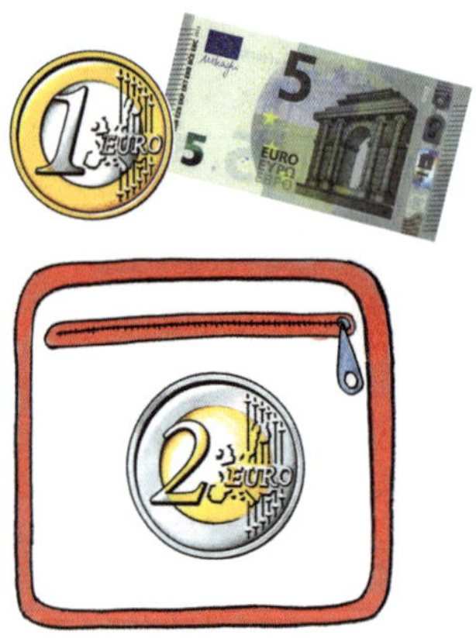

___ € + ___ € = ___ €

___ € + ___ € = ___ €

4 Lege und rechne.

4 € + 4 € = ___ €
6 € + 2 € = ___ €
2 € + 4 € = ___ €

10 € – 7 € = ___ €
8 € – 5 € = ___ €
6 € – 6 € = ___ €

9 € – ___ € = 5 €
8 € – ___ € = 3 €
2 € – ___ € = 2 €

5

___ € + 3 € = 5 €
___ € + 4 € = 8 €
___ € – 6 € = 2 €
___ € – 5 € = 3 €

1: Geldwerte bestimmen 2: Verschiedene Möglichkeiten des Bezahlens finden
3 bis 5: Rechnen mit Geldbeträgen

1

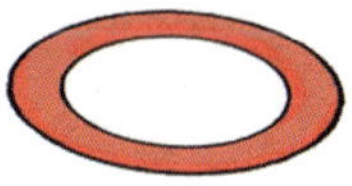  oder

3 €

2 oder 5

€

5 oder

€

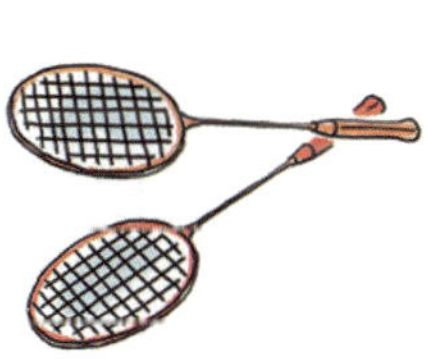

oder

€

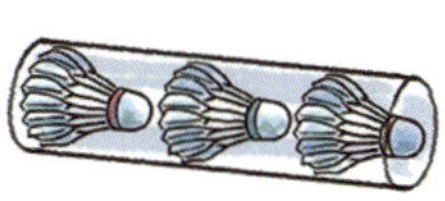

oder

€

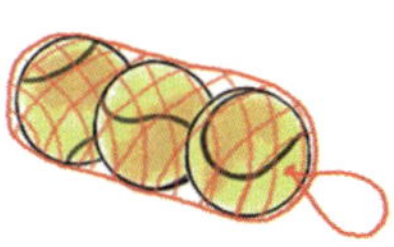

oder

€

1: Preis eintragen; verschiedene Möglichkeiten des Bezahlens einzeichnen

Würfel, Quader, Kugel

1 Male aus und zähle.

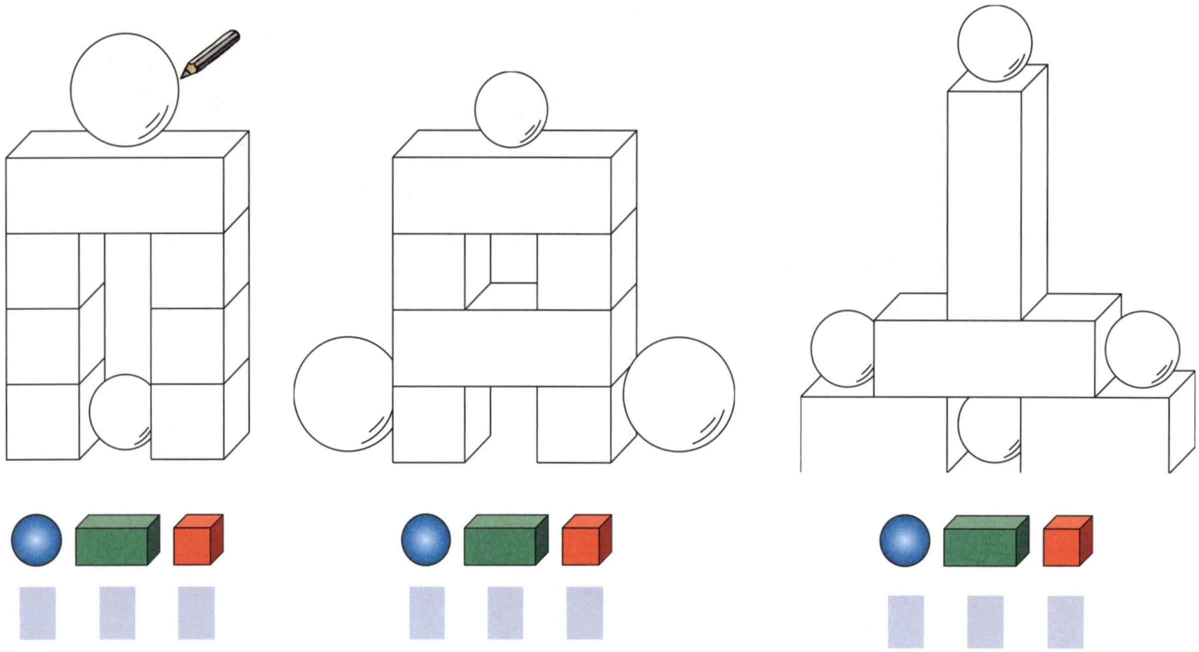

2

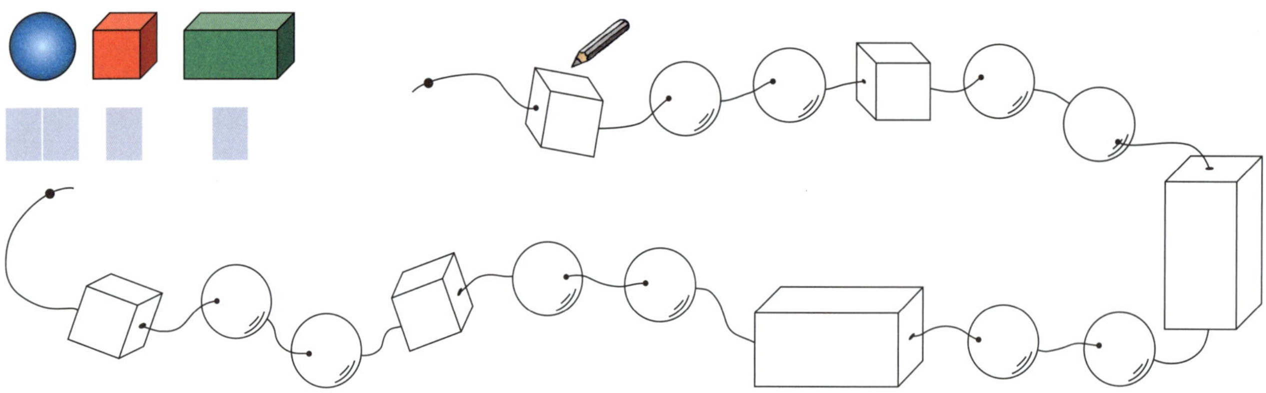

3 Zähle.

1 und 2: Würfel, Quader, Kugel in der entsprechenden Farbe ausmalen und zählen
3: Anzahl der Würfel bestimmen

SB 64 TÜ 31

Bauen mit Würfeln

1 Baue und zähle.

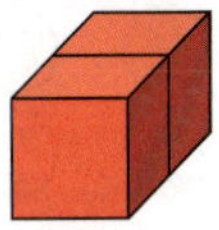
Würfel

Würfel

Würfel

Würfel

Schreibe den Bauplan.

2

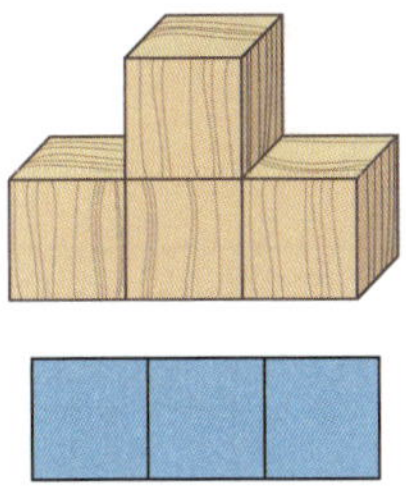

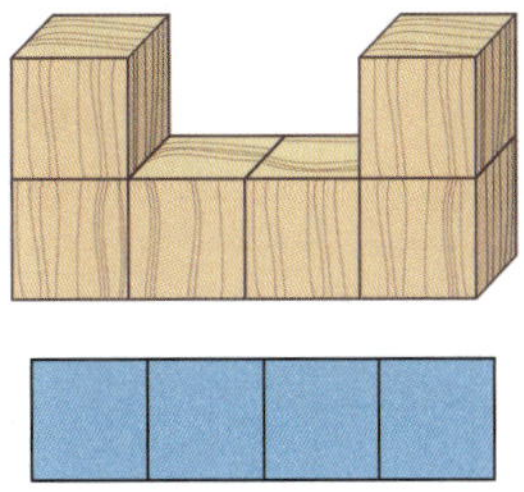

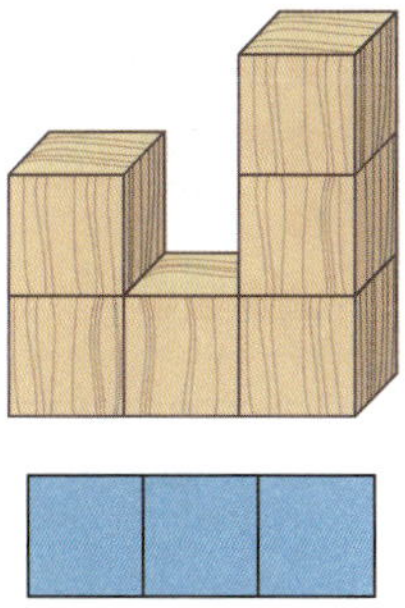

3

4 Baue nach.
Wie viele Würfel fehlen noch zu einem Quader?

Würfel

Würfel

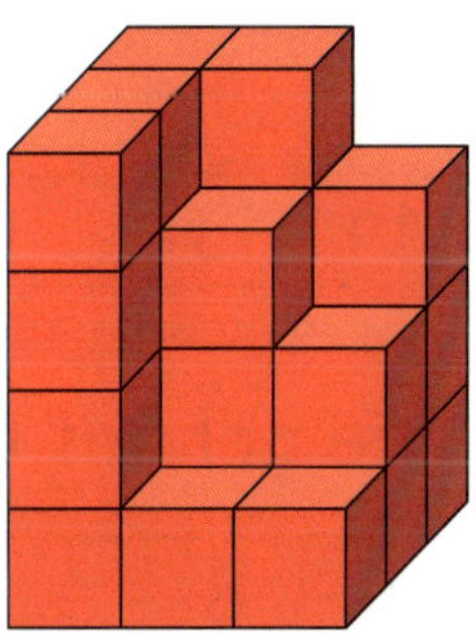
Würfel

1: Anzahl der Würfel bestimmen und nachbauen 2 und 3: Bauplan schreiben
4: Nachbauen; Anzahl der fehlenden Würfel bestimmen; Würfelbau zum Quader ergänzen

Die Zahlen von 11 bis 20

1

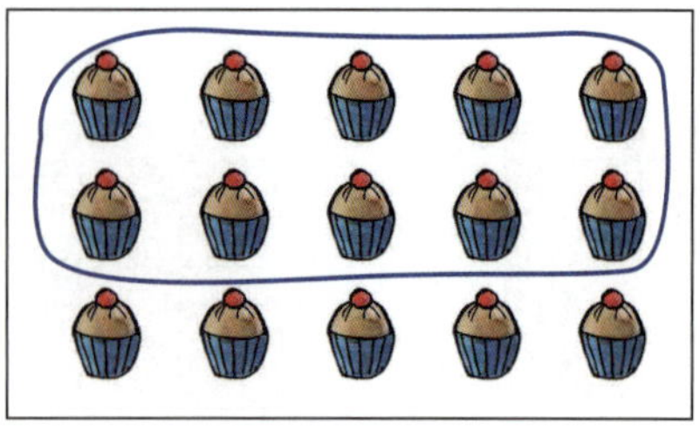

Z	E
1	

Z	E

Z	E

2

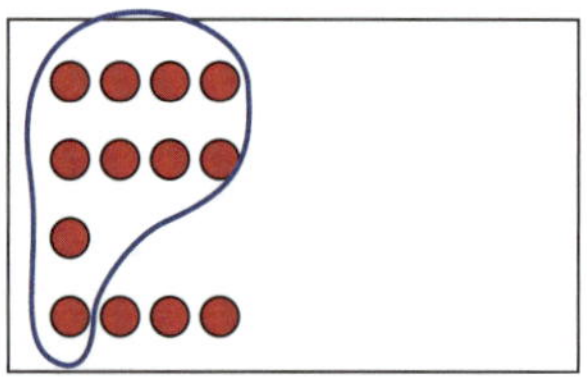

Z	E
1	

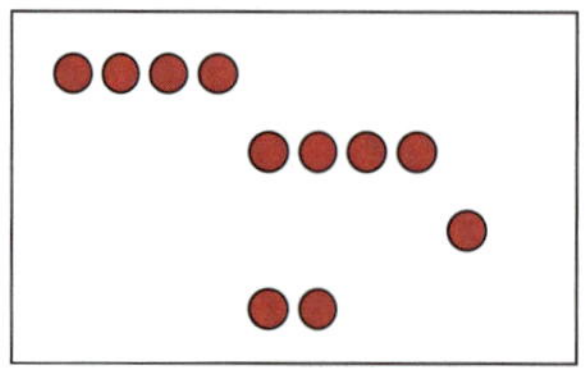

Z	E

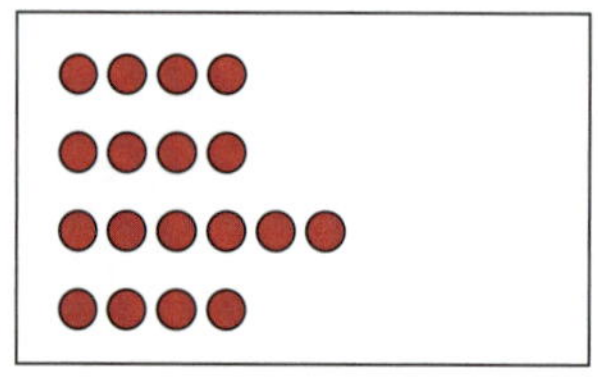

Z	E

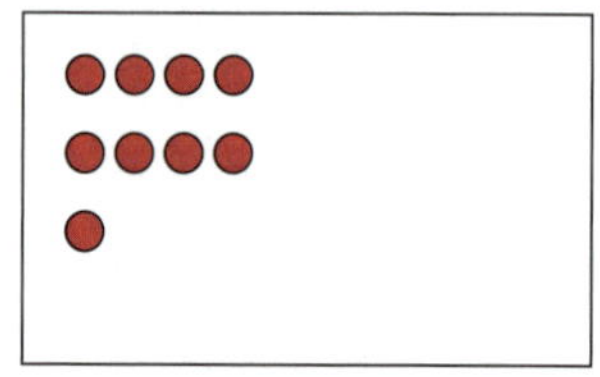

Z	E

3 Male aus.

Z	E
1	1

Z	E
1	5

Z	E
1	9

4 Schreibe die Zahl dazu.

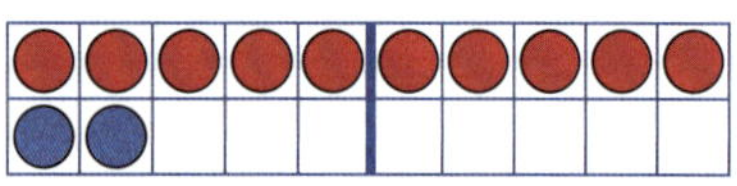

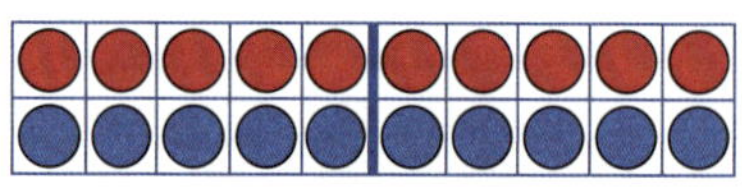

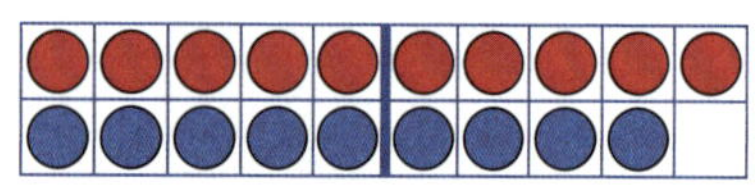

5 Zähle weiter.

3	4						10					15

14	13						7		

6 Wie geht es weiter?

6	8						20

17	15							1

1 bis 4: Zahlen den Mengen zuordnen; Mengen den Zahlen zuordnen
5 und 6: Zählen in angegebener Schrittfolge

SB 70–71 TÜ 32

Orientieren auf dem Zwanzigerfeld

1 Trage die fehlenden Zahlen ein.

	2	3				7			
11			14		16		18		20

2 Trage die fehlenden Zahlen ein.

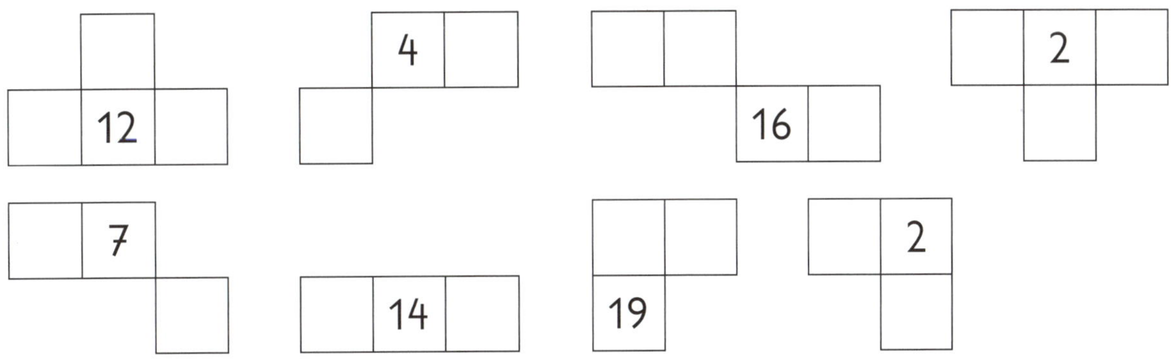

3 Finde passende Zahlen.

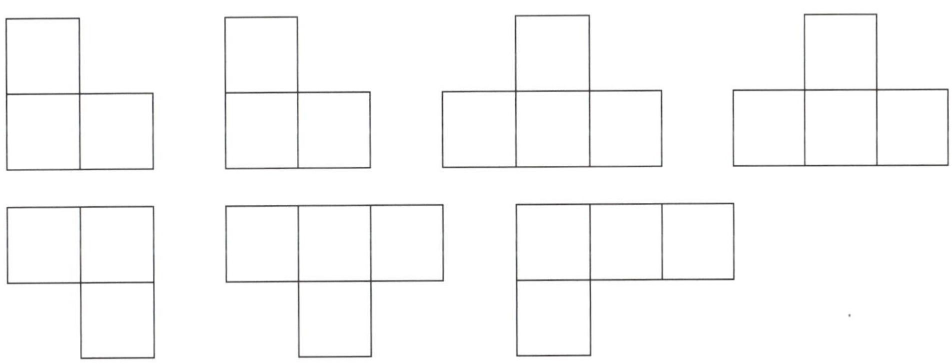

4 Zahlen gesucht

Vergleichen und Ordnen der Zahlen bis 20

1 < = > ?

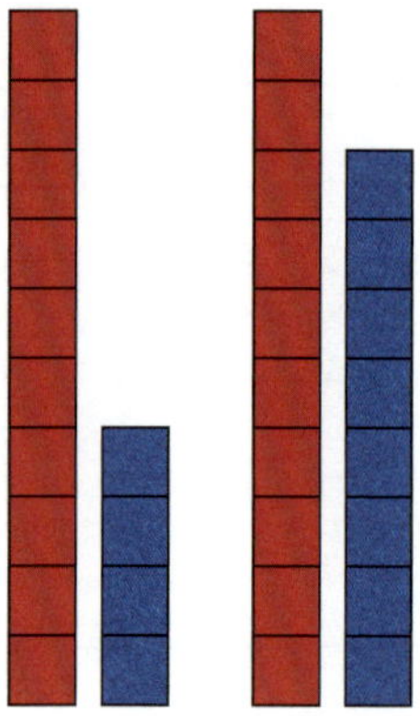

14 __ __

__ __ __

__ > 16

2
18 > 15
18 > __
18 > __
18 > __
18 > __

3
__ < 12
__ < 12
__ < 12
__ < 12
__ = 12

4
17 > __
17 > __
17 < __
17 = __
17 < __

5
20 __ 15
16 __ 20
13 __ 14
14 __ 12
10 __ 6

6
5 __ 15
11 __ 20
13 __ 0
12 __ 10
16 __ 8

7

V	Z	N
	12	
	8	
	18	
	6	
	10	
	15	

Ordne die Vorgänger.
Beginne mit dem kleinsten Vorgänger.

__ __ __ __ __ __

Ordne die Nachfolger.
Beginne mit dem größten Nachfolger.

__ __ __ __ __ __

Wie geht es weiter bis zur 20?

8 6 8 10 __ __ __ __ __

9 4 8 12 __ __

Wie geht es weiter bis zur 0?

10 18 15 12 __ __ __ __

11 16 14 12 __ __ __ __ __ __ __

1: Zahlen zuordnen und vergleichen 2 bis 4: Geeignete Zahlen finden 5 und 6: Relationszeichen setzen 7: Ordnen nach Vorschrift 8 bis 11: Reihen weiterführen

SB 73–74 TÜ 34–35

Addieren ohne Zehnerübergang

1 Male und rechne. Löse zuerst die bekannte Aufgabe.

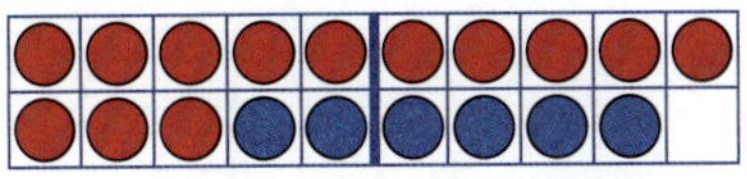

3 + 6 = ___
13 + 6 = ___

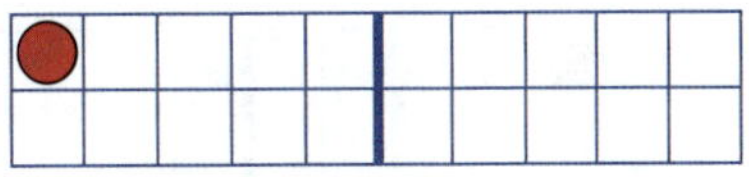

___ + ___ = ___
15 + 3 = ___

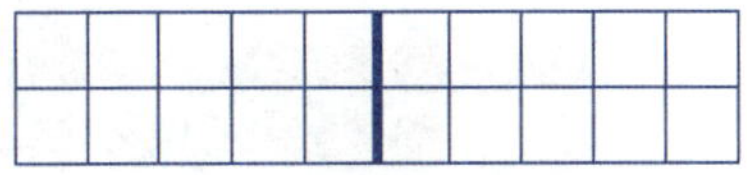

___ + ___ = ___
12 + 4 = ___

2 5 + 2 = ___ 15 + 2 = ___ | 3 + 5 = ___ 13 + 5 = ___ | 6 + 3 = ___ 16 + 3 = ___

7 9 8
18 17 19

3 Welche Aufgaben gehören zusammen? Rechne und verbinde.

5 + 3 = ___
3 + 6 = ___
7 + 1 = ___
17 + 1 = ___
15 + 3 = ___
13 + 6 = ___
2 + 5 = ___
4 + 3 = ___
1 + 8 = ___
11 + 8 = ___
12 + 5 = ___
14 + 3 = ___

4 10 + 8 = ___ 10 + 3 = ___ | 11 + 5 = ___ 14 + 3 = ___

5 19 = 13 + ___ 14 = 10 + ___ | 17 = ___ + 7 15 = ___ + 4

6

+	3	4	5	8
10				
11				

+	2	6		1
12				
11			18	

+	2	1	5	0
	15			
15				

7 Rechne und setze die Zeichen <, =, > ein.

4 + 3 ◯ 6 | 2 + 6 ◯ 9 | 15 + 4 ◯ 17 | 18 ◯ 13 + 7
14 + 3 ◯ 16 | 12 + 6 ◯ 19 | 4 + 15 ◯ 17 | 18 ◯ 5 + 13

8 Wer erhält die größere Zahl als Ergebnis?

Rechne so und vergleiche.

___ ◯ ___ = ___ ___ ◯ ___ ___ ◯ ___ = ___

Subtrahieren ohne Zehnerübergang

1 Male und rechne. Löse zuerst die bekannte Aufgabe.

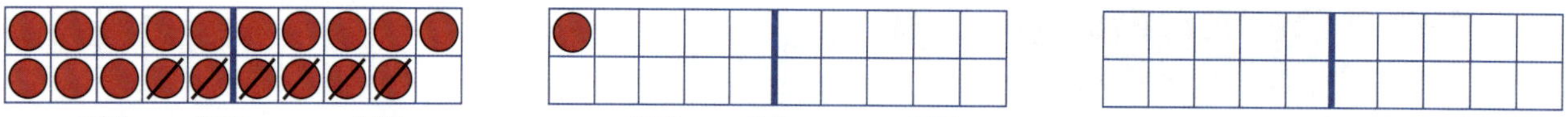

__ − __ = __	__ − __ = __	__ − __ = __
19 − 6 = __	15 − 3 = __	17 − 6 = __

2

5 − 2 = __	3 − 1 = __	7 − 3 = __
15 − 2 = __	13 − 1 = __	17 − 3 = __

2 3 4
14 13 12

3 Welche Aufgaben gehören zusammen? Rechne und verbinde.

5 − 4 = __	15 − 4 = __	9 − 7 = __	16 − 4 = __
7 − 5 = __	18 − 6 = __	6 − 4 = __	19 − 7 = __
8 − 6 = __	17 − 5 = __	9 − 5 = __	19 − 5 = __

4

10 − 8 = __ 19 − 5 = __
10 − 5 = __ 19 − 7 = __

5

18 = 20 − __ 17 = __ − 2
14 = 18 − __ 15 = __ − 4

6

−	3	4	5	8
18				
19				

−	2		7	1
17		11		
18				

−	2	1	5	0
16				
			10	

7 Rechne und setze die Zeichen <, =, > ein.

7 − 3 ◯ 6	9 − 6 ◯ 3	15 − 2 ◯ 12	18 ◯ 20 − 5
17 − 3 ◯ 16	19 − 6 ◯ 13	16 − 6 ◯ 11	18 ◯ 19 − 6

8 Wer erhält die größere Zahl als Ergebnis?

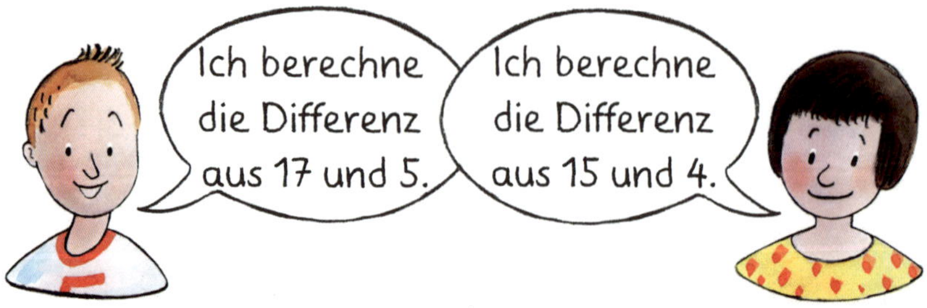

Rechne so und vergleiche.

__ ◯ __ = __ __ ◯ __ __ ◯ __ = __

1: Bekannte Aufgabe finden und lösen; Ergebnis übertragen 3: Aufgaben lösen und zuordnen
2, 4 und 5: Differenz berechnen; Platzhalter bestimmen 6: Tabelle ergänzen 7: Differenz berechnen; Relationszeichen setzen 8: Differenzen berechnen und vergleichen

Addieren und Subtrahieren ohne Zehnerübergang

1

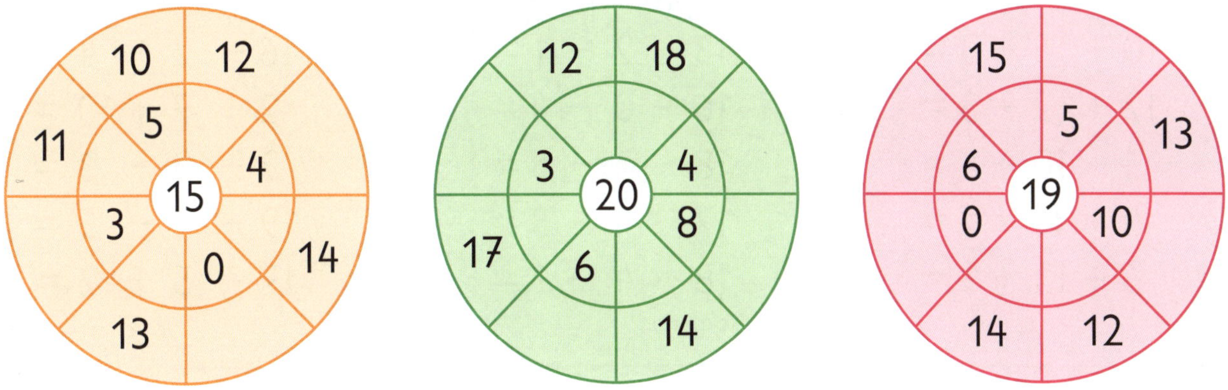

2 Finde die Fehler. Streiche durch und berichtige.

12 + 3 = 15	19 + 0 = 10	10 − 10 = 0
14 − 3 = 17	11 − 11 = 10	7 + 0 = 17
1 + 11 = 12	18 + 2 = 20	14 − 2 = 12
18 − 3 = 16	3 + 16 = 13	11 + 7 = 19

3

15 − 3 =

19 − 7 =

16 − 5 =

20 − 9 =

16 − 2 =

13 + 1 =

20 − 1 =

10 + 9 =

10 + 6 =

13 − 3 =

17 − 7 =

15 + 4 =

10 = gelb   11 = blau   12 = grün   14 = rot   16 = grau   19 = lila

4 Ordne den Lösungen die richtigen Buchstaben zu.

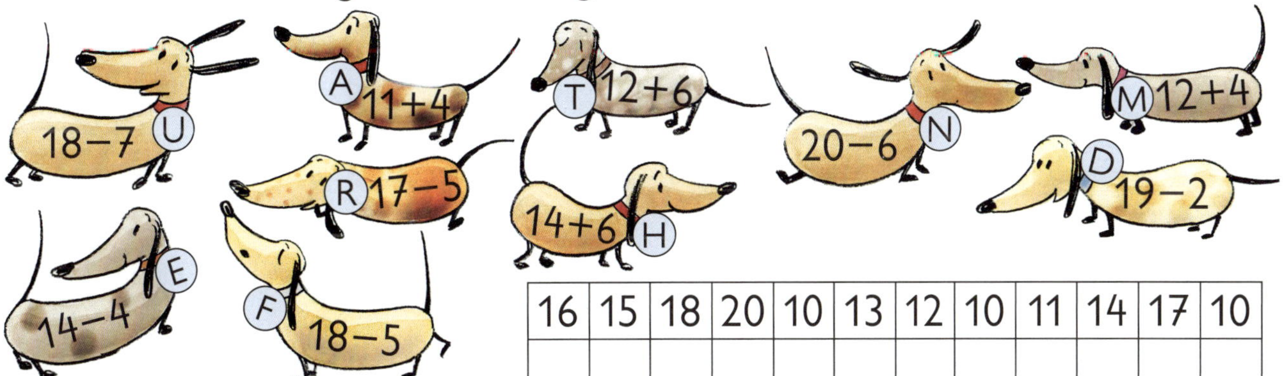

16	15	18	20	10	13	12	10	11	14	17	10

Rechnen mit drei Zahlen, Tauschaufgaben und Umkehraufgaben

1

10 + 5 + 3 = ☐	13 − 2 − 1 = ☐	16 − 2 − 4 = ☐
12 + 2 + 5 = ☐	16 − 0 − 4 = ☐	2 + 7 + 10 = ☐
1 + 10 + 4 = ☐	18 − 3 − 5 = ☐	3 + 13 − 3 = ☐
4 + 11 + 2 = ☐	17 − 1 − 5 = ☐	19 + 1 − 5 = ☐
6 + 13 + 1 = ☐	18 − 4 − 1 = ☐	17 − 5 + 2 = ☐

☐ 20 18 19 17 15 13 10 10 11 12 10 13 14 19 15

+ oder − ?

2

14 ◯ 3 = 17
15 ◯ 4 = 19
17 ◯ 5 = 12
13 ◯ 2 = 11
18 ◯ 5 = 13

3

11 + 6 ◯ 2 = 15
14 − 3 ◯ 7 = 18
16 − 4 ◯ 3 = 15
17 − 5 ◯ 4 = 16
12 − 2 ◯ 7 = 17

4

17 − 6 ◯ 2 ◯ 5 = 18
10 + 3 ◯ 5 ◯ 6 = 12
15 − 2 ◯ 1 ◯ 3 = 15
11 + 4 ◯ 3 ◯ 2 = 16
18 − 2 ◯ 4 ◯ 0 = 12

5 Löse die Aufgaben. Färbe Aufgabe, Tausch- und Umkehraufgabe mit der gleichen Farbe.

12 + 5 = ☐	13 + 6 = ☐	19 − 4 = ☐
6 + 13 = ☐	17 + 1 = ☐	17 − 5 = ☐
15 + 4 = ☐	5 + 12 = ☐	18 − 5 = ☐
1 + 17 = ☐	5 + 13 = ☐	19 − 6 = ☐
13 + 5 = ☐	4 + 15 = ☐	18 − 1 = ☐

6

15 → −3 → 12; 12 → ◯☐ → 15
16 → −4 → ☐; ☐ → ◯☐ → 16
18 → ◯☐ → 12; 12 → ◯☐ → 18
17 → ◯☐ → 11; 11 → ◯☐ → 17

7

7 → +3 → ☐ → +8 → ☐ → −6 → ☐ → +4 → ☐ → −6 → ☐

1: Addieren und Subtrahieren mit drei Zahlen 2 bis 4: Rechenzeichen einsetzen
5: Aufgaben lösen und färben 6: Platzhalter belegen 7: Rechenkette lösen

SB 81–82 TÜ 41–42

Nachbaraufgaben, Aufgabenfamilien, Rund um die 10

1 Eine Aufgabe – vier Nachbarn

15 + __ = __

14 + 4 = __ | 15 + 4 = __ | 16 + __ = __

15 + __ = __

16 − __ = __

15 − __ = __ | 16 − 3 = __ | 17 − __ = __

16 − __ = __

__ __ = __

__ __ = __ | 16 + 3 = __ | __ __ = __

__ __ = __

__ __ = __

__ __ = __ | 18 − 6 = __ | __ __ = __

__ __ = __

Immer 4 Aufgaben sind eine Familie.

2 (5) (4) (9)

__ + 4 = __
__ + __ = __
9 − __ = __
__ − __ = __

(5) (8) (3)

3 + __ = __
__ + __ = __
__ − __ = __
__ − __ = __

3 (10) (19) (9)

__ + __ = __
__ + __ = __
__ − __ = __
__ − __ = __

(7) (10) (17)

__ + __ = __
__ + __ = __
__ − __ = __
__ − __ = __

4 Immer 10. Kreise die Partner ein.

9 1 5 5 4 2 6 8 5 6 3 4 7 5 2 8 7 3 6 9 4 1 3 5 7 1 9 5

5 Immer 10

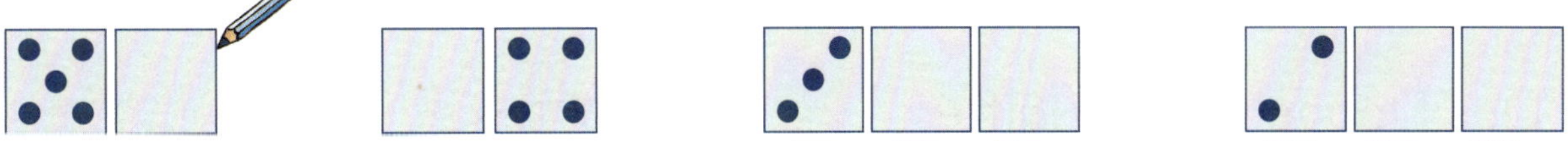

__ + __ = 10   __ + __ = 10   __ + __ + __ = 10   __ + __ + __ = 10

6
8 + 2 + 1 = __
5 + 3 + 5 = __
6 + 6 + 4 = __
7 + 9 + 3 = __

7
12 − 2 − 1 = __
13 − 5 − 3 = __
15 − 7 − 5 = __
18 − 6 − 8 = __

8
5 + __ + 2 = 10
__ + 4 + 1 = 10
15 − __ − 5 = 10
__ − 6 − 4 = 10

1: Nachbaraufgaben finden und lösen 2 und 3: Aufgabenfamilien bilden 4: Zahlen, die sich zu 10 ergänzen, finden 5: Additionsaufgaben mit der Summe 10 finden; Würfelbilder dazu malen 6 bis 8: Rechnen mit drei Zahlen

Verdoppeln und Halbieren

1 Verdopple am Spiegel. Schreibe die Aufgaben dazu.

5 + 5 = ___

___ + ___ = ___

___ + ___ = ___

2 Verdopple die Anzahl der Kästchen. Schreibe die Aufgaben dazu.

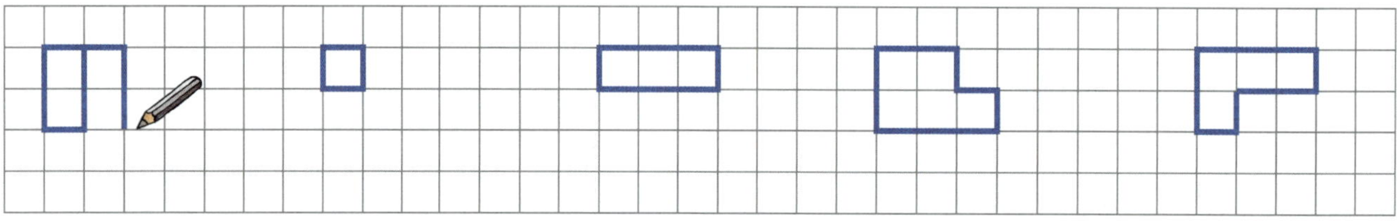

2 + ___ = ___   1 + ___ = ___   3 + ___ = ___   5 + ___ = ___   4 + ___ = ___

3 Lege das Doppelte der Geldbeträge. Trage den doppelten Betrag ein.

Betrag	1 ct	2 ct	3 ct	4 ct	3 €	5 €
Das Doppelte						

4 Halbiere.

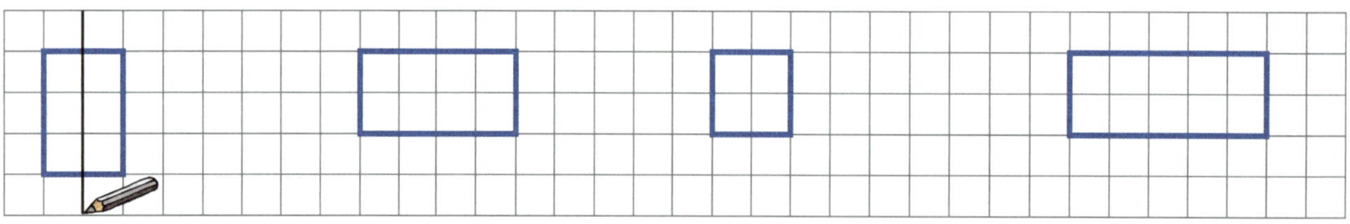

6 = 3 + 3   8 = ___ + ___   4 = ___ + ___   10 = ___ + ___

5 Das Doppelte, die Hälfte

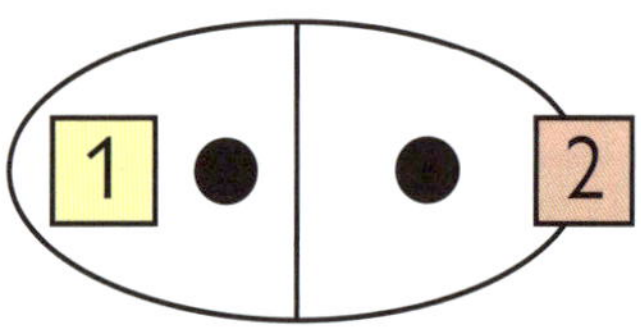

Sprich so:

2 ist das Doppelte von 1.

1 ist die Hälfte von 2.

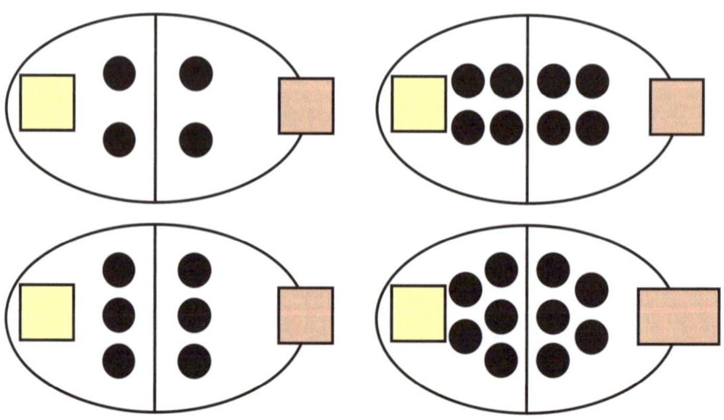

1: Verdoppeln erfassen; Aufgaben finden 2: Anzahl verdoppeln; Aufgabe zuordnen 3: Doppelten Betrag legen; Tabelle vervollständigen 4: Anzahl der Kästchen halbieren; Aufgabe zuordnen 5: Zahlen zuordnen

SB 84–85 TÜ 44–45

Gerade und ungerade Zahlen

1 Gerade oder ungerade Zahl? Kreuze an.

○ gerade
○ ungerade

○ gerade
○ ungerade

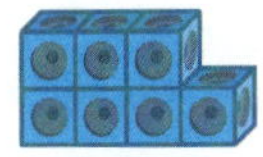

○ gerade
○ ungerade

2 Vervollständige bis 20.

1	3	5												

Das sind ____________ Zahlen.

2	4													

Das sind ____________ Zahlen.

3 Addiere zwei gerade Zahlen.

6 + 8 = 14
12 + ☐ = ☐☐
☐☐ + ☐ = ☐☐
☐ + ☐ = ☐☐

Addiere zwei ungerade Zahlen.

5 + 7 = 12
9 + ☐ = ☐☐
☐ + ☐ = ☐☐
☐ + ☐ = ☐☐

Was für eine Zahl ist das Ergebnis immer?

eine __________ *Zahl*

4 Trage auf der Zahlenkette alle Zahlen von 1 bis 20 ein.
Färbe die geraden Zahlen orange und die ungeraden Zahlen blau.

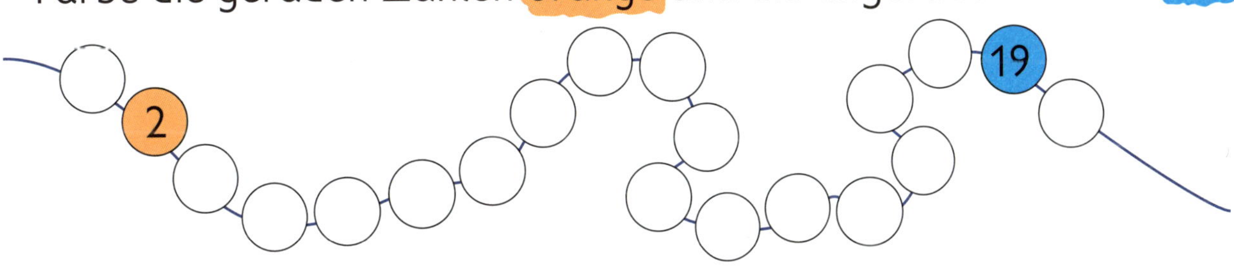

Wie viele gerade und ungerade Zahlen gibt es auf der Zahlenkette?

☐☐ gerade Zahlen ☐☐ ungerade Zahlen

1: Anzahl bestimmen; Zahl zuordnen; gerade und ungerade Zahlen bestimmen 2: Reihen vervollständigen; Satz vervollständigen 3: Aufgaben finden; erkennen, dass das Ergebnis immer eine gerade Zahl ist 4: Zahlen eintragen und nach Vorgabe färben; Anzahl bestimmen

Sachaufgaben

Hier fehlen die Fragen.

1 ◯ Lisa hat 16 Glaskugeln. Sie verschenkt 5 Kugeln.

◯ Ben hat 12 Seiten und später noch 8 Seiten gelesen.

◯ In der Klasse 2 sind 12 Mädchen und 7 Jungen.

◯ Von 20 Kindern der 1. Klasse gehen 6 Kinder in keine Arbeitsgemeinschaft.

Wähle immer eine passende Frage aus.

Ⓐ Wie viele Kinder sind in der Klasse?
Ⓑ Wie viele Glaskugeln hat sie noch?
Ⓒ Wie viele Seiten hat er insgesamt gelesen?
Ⓓ Wie viele Kinder gehen in eine Arbeitsgemeinschaft?

2 Tom und Anna haben Pfeile geworfen. Wonach kannst du fragen? Finde eine Aufgabe und löse sie.

Tom:

☐ + ☐ = ☐

Anna:

☐ + ☐ + ☐ = ☐☐

3 Ben hat 20 Farbstifte in seiner Mappe. 7 Stifte hat er zum Zeichnen herausgenommen. Wonach kannst du fragen? Finde die passende Aufgabe und löse sie.

☐☐ – ☐ = ☐☐

1: Fragen den Sätzen zuordnen; Zuordnung begründen lassen 2 und 3: Fragen formulieren; Aufgaben bilden; in Sätzen antworten

Dreieck, Viereck, Kreis

1 Anna hat gestempelt.

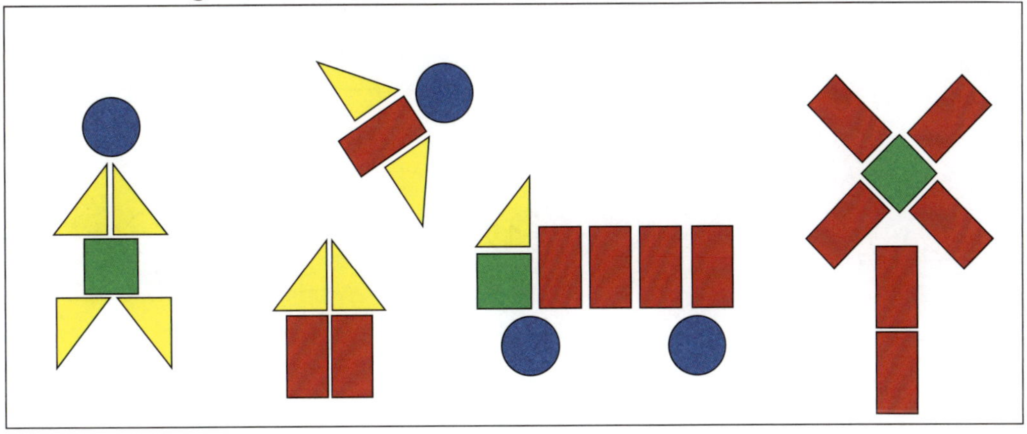

Wie viele?

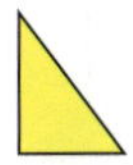	

2 Zeichne ein Bild mit den angegebenen Figuren.

So viele hast du:

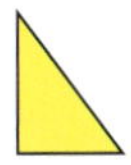	6
	4
	5
	8

3 Färbe.

Vierecke gelb

Kreise rot

Dreiecke blau

Wie viele sind es?

Kreise

Dreiecke

Vierecke

1

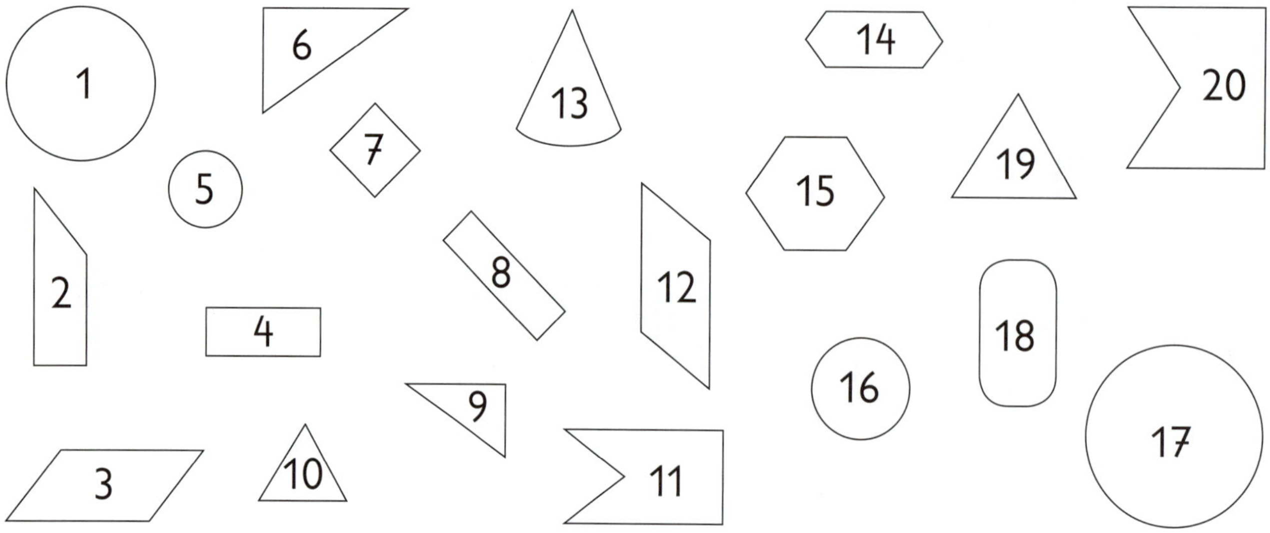

Dreiecke							Vierecke							Kreise						
6																				

2 Zeichne verschiedene Dreiecke und Vierecke.

Muster

1 Male die Muster weiter aus. Zähle die Dreiecke und Vierecke.

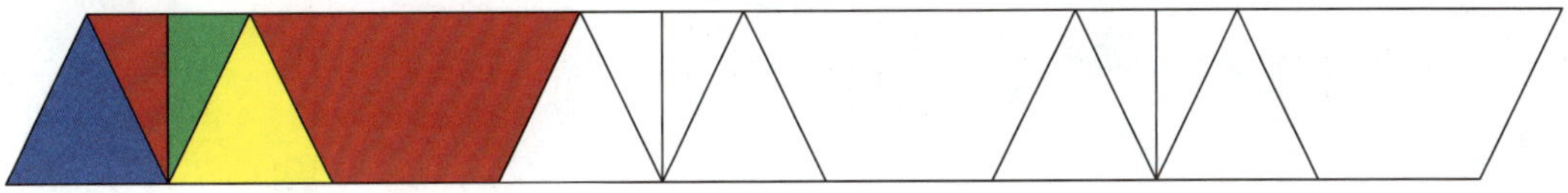

Dreiecke Vierecke

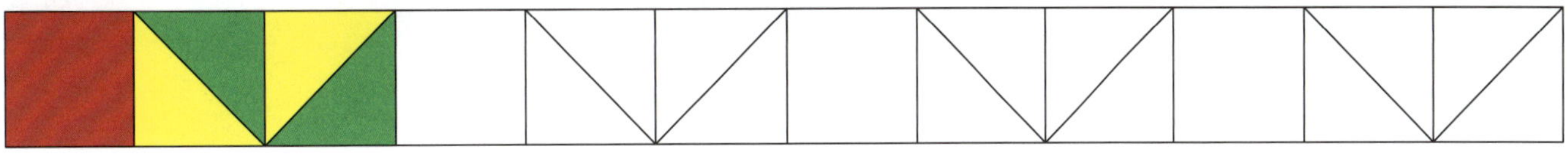

Dreiecke Vierecke

2 Male die Muster weiter. Zähle die Quadrate.

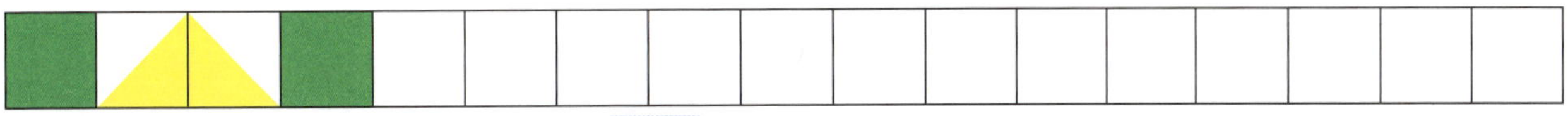

Quadrate

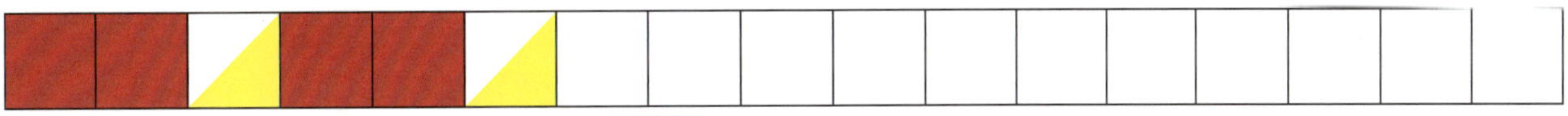

Quadrate

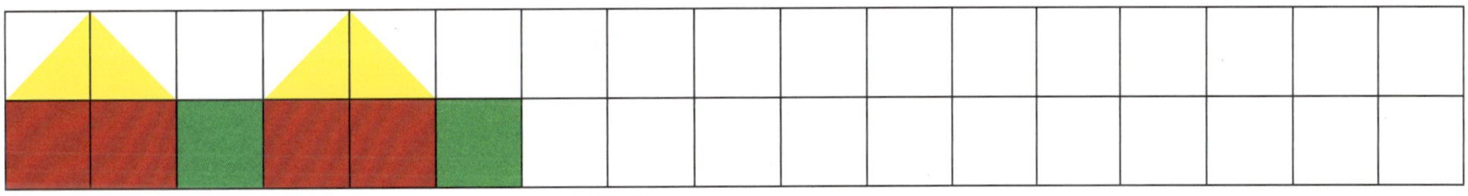

Quadrate

3 Male die Muster weiter.

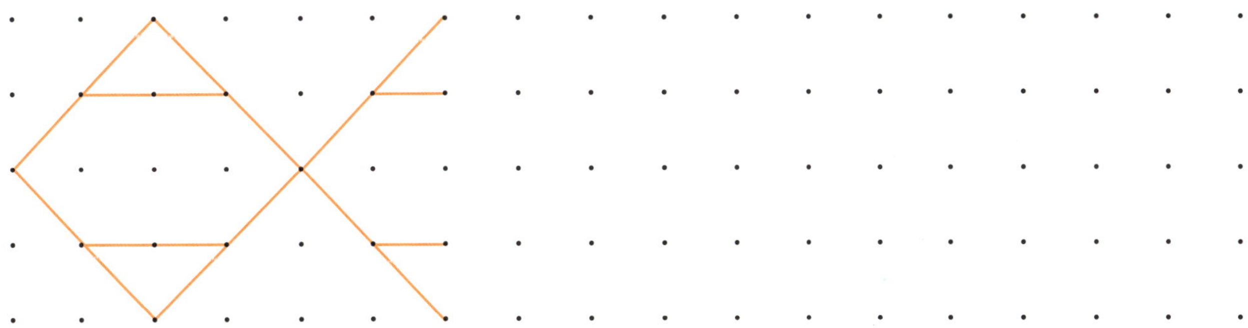

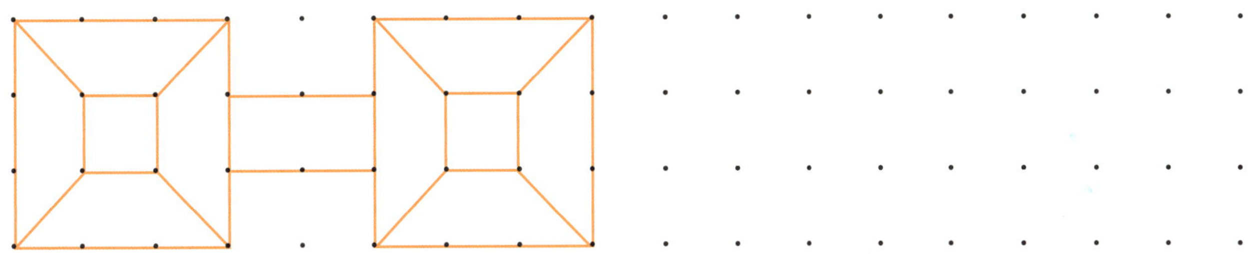

Geldwerte bis 20 Euro

1

__ €   __ €   __ €   __ €

2 Lege und male.

17 €	12 €	19 €	8 €	15 €

3 Wechsle.

 = ◯ ◯ ◯

 = ▭ ▭

 = ▭

 = ▭

4 Lege und rechne.

6 € + 4 € = __ €
17 € + 3 € = __ €
5 € + 5 € = __ €
10 € + 7 € = __ €

8 € − 6 € = __ €
12 € − 1 € = __ €
18 € − 8 € = __ €
20 € − 10 € = __ €
19 € − 6 € = __ €

☐ 10 10 2
20 13 10
11 17 10

☐ 2 6 10
11 12 16
2 17 15
20

5

14 € + __ € = 16 €
8 € + __ € = 10 €
__ € + 3 € = 15 €
__ € + 5 € = 20 €
__ € + 0 € = 11 €

18 € − __ € = 12 €
20 € − __ € = 10 €
__ € − 2 € = 14 €
__ € − 1 € = 19 €
__ € − 6 € = 11 €

1: Summe der Geldwerte bestimmen 2: Geldbetrag legen und malen
3: Wechseln in Münzen und Scheinen 4 und 5: Mit Geldbeträgen rechnen

SB 100–101 TÜ 49

1

15 €	13 €	11 €	7 €	6 €	5 €	3 €	2 €

15 € + 2 € = __ €

__ € + __ € = __ €

__ € + __ € = __ €

__ € + __ € + __ € = __ €

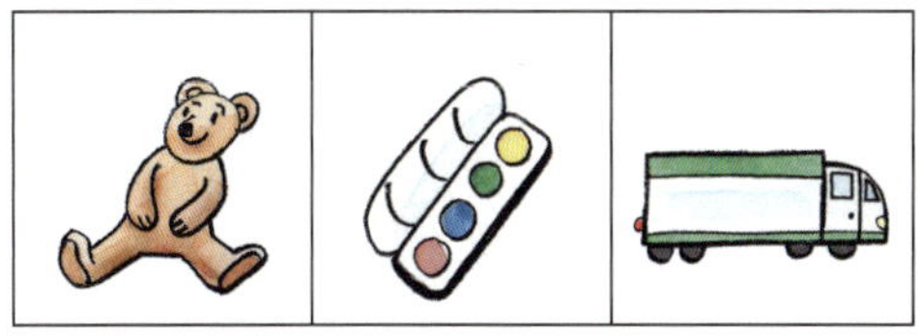

__ € + __ € + __ € = __ €

2

__ € + __ € + __ € + __ € = __ €

☐ 17 16 18
18 16

3 Berechne die Summe aus 15 € und 4 €. __ € ◯ __ € = __ €

Berechne die Differenz aus 15 € und 4 €. __ € ◯ __ € = __ €

Vergleiche die Ergebnisse mit <, =, >. __ € ◯ __ €

4

Max kauft:	2 € 	11 € 	15 € 
Max gibt:			
Max bekommt zurück:	__ €	__ €	__ €

1 und 2: Geldbetrag (Preis) zuordnen; Summe berechnen 3: Begriffe „Summe" und „Differenz" verstehen; Aufgabe finden und lösen; Ergebnisse vergleichen 4: Differenz berechnen

Addieren mit Zehnerübergang

1 Male in die Kästchen und rechne.

7 + 9
7 + 3 = ☐☐
☐☐ + 6 = ☐☐
7 + ☐ = ☐☐

8 + 5
8 + ☐ = ☐☐
☐☐ + ☐ = ☐☐
☐ + 5 = ☐☐

6 + 7
6 + 4 = ☐☐
☐☐ + 3 = ☐☐
6 + ☐ = ☐☐

7 + 8
7 + ☐ = ☐☐
☐☐ + ☐ = ☐☐
☐ + 8 = ☐☐

9 + 5
9 + ☐ = ☐☐
☐☐ + ☐ = ☐☐
☐ + ☐ = ☐☐

2 Immer erst bis 10

8 + 5 = ☐☐
8 + ☐ + ☐ = ☐☐

7 + 9 = ☐☐
7 + ☐ + ☐ = ☐☐

8 + 6 = ☐☐
8 + ☐ + ☐ = ☐☐

3 Rechne.

6 + 5 = 6 + 4 + ☐
6 + 5 = ☐☐ + ☐
6 + 5 = ☐☐

7 + 8 = ☐ + ☐ + ☐
7 + 8 = ☐☐ + ☐
7 + 8 = ☐☐

5 + 9 = ☐ + ☐ + ☐
5 + 9 = ☐☐ + ☐
5 + 9 = ☐☐

4

+	7	5	6
8			
7			
6			

5

+		6	8
7	11		
		14	
			17

6 Finde die Fehler und streiche sie durch.

+	8	4	7	5
6	13	10	15	11
8	16	11	15	13
9	17	13	17	14

7

9 + 4 = ☐☐
9 + 6 = ☐☐
9 + 8 = ☐☐
9 + 10 = ☐☐

8

5 + 6 = ☐☐
5 + 8 = ☐☐
5 + 7 = ☐☐
5 + 9 = ☐☐

9

☐ + 8 = 11
☐ + 8 = 14

1 bis 3: Addieren, Ergänzen bis zur 10 4 und 5: Addieren in Tabellen 6: Fehler suchen und kennzeichnen 7 bis 9: Addieren nach selbst gewähltem Rechenweg

SB 102–103 TÜ 50

Subtrahieren mit Zehnerübergang

1 Male in die Kästchen und rechne.

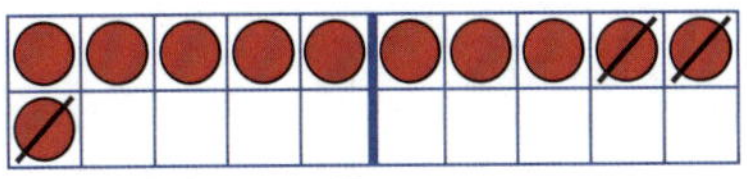

11 − 3
11 − 1 = ☐☐
☐☐ − 2 = ☐
11 − ☐ = ☐

12 − 5
12 − ☐ = ☐☐
☐☐ − ☐ = ☐
☐☐ − 5 = ☐

17 − 8
17 − 7 = ☐☐
☐☐ − 1 = ☐
17 − ☐ = ☐

14 − 6
14 − ☐ = ☐☐
☐☐ − ☐ = ☐
☐☐ − 6 = ☐

15 − 8
15 − ☐ = ☐☐
☐☐ − ☐ = ☐
☐☐ − ☐ = ☐

2 Immer erst bis 10

13 − 6 = ☐
13 − ☐ − ☐ = ☐

11 − 8 = ☐
11 − ☐ − ☐ = ☐

17 − 9 = ☐
17 − ☐ − ☐ = ☐

3 Rechne.

16 − 8 = 16 − 6 − ☐
16 − 8 = ☐☐ − ☐
16 − 8 = ☐

15 − 7 = ☐☐ − ☐ − ☐
15 − 7 = ☐☐ − ☐
15 − 7 = ☐

14 − 9 = ☐☐ − ☐ − ☐
14 − 9 = ☐☐ − ☐
14 − 9 = ☐

4

−	7	8	9
15			
14			
13			

5

−		5	9
16	8		
		9	
12			

6 Finde die Fehler und streiche sie durch.

−	6	7	5	8
11	6	4	6	2
13	7	8	8	5
15	10	8	6	5

7
15 − 8 = ☐
14 − 7 = ☐
13 − 6 = ☐

8
15 − 9 = ☐
15 − 7 = ☐
15 − 8 = ☐

9
☐☐ − 8 = 2
☐☐ − 8 = 5

1 bis 3: Subtrahieren zum Zehner 4 und 5: Subtrahieren in Tabellen 6: Fehler suchen und kennzeichnen 7 bis 9: Subtrahieren nach selbst gewähltem Rechenweg

Addieren und Subtrahieren mit Zehnerübergang

1 Rechne. Finde die Lösungsworte.

16 − 9 =	13 − 7 =	12 − 8 =
11 − 9 =	9 + 5 =	17 − 9 =
7 + 9 =	18 − 6 =	17 − 3 =
6 + 8 =	10 + 4 =	5 + 8 =
7 + 5 =	5 + 6 =	

T	H	N	R	G	S	P	R	E	U	C
13	4	8	12	6	7	16	12	14	2	11

2

7	4	1		6	3	4		5	2	4		6		6

(Rechenmauer 4: mittlere Reihe links 9)

3

5 —(+5)→ ☐ —(−3)→ ☐ —(+6)→ ☐ —(−8)→ ☐ —(+9)→ 14

12 —(−8)→ ☐ —(+9)→ ☐ —(+7)→ ☐ —(−4)→ ☐ —(−9)→ 7

3 —(+8)→ ☐ —(−5)→ ☐ —(+7)→ ☐ —(−8)→ ☐ —(+12)→ 17

4

16 = blau 8 = grau 7 = gelb 13 = rot 15 = grün

1: Addieren und Subtrahieren nach selbst gewählten Lösungsweg; Buchstaben zuordnen
2: Rechenmauern lösen 3: Rechenketten lösen 4: Farben den Aufgaben zuordnen

SB 106–107 **TÜ** 52–53

Gleichungen und Ungleichungen

1

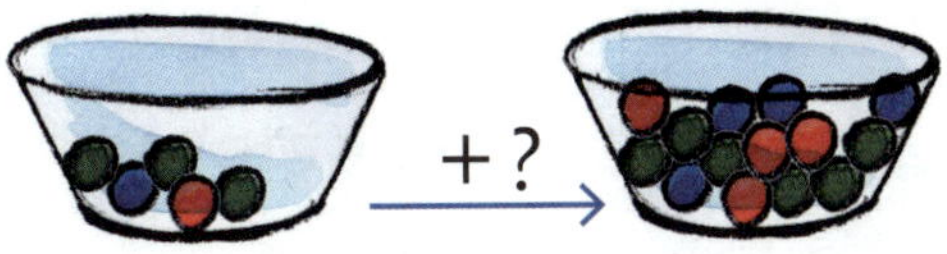

5 + ☐ = 14

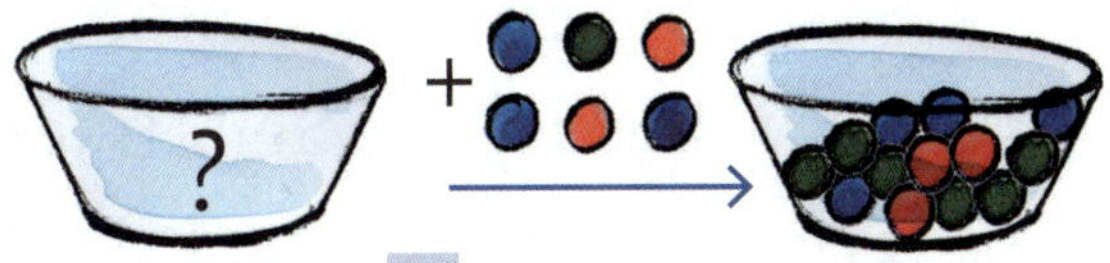

☐ + 6 = 13

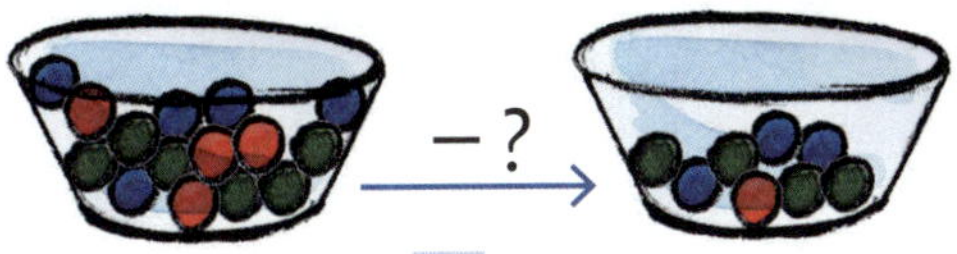

15 – ☐ = 8

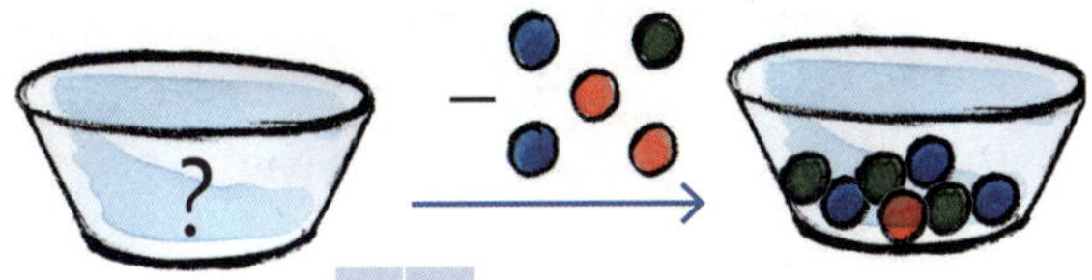

☐☐ – 5 = 7

2
7 + 9 = ☐☐
5 + 6 = ☐☐
6 + 7 = ☐☐
12 + 5 = ☐☐
15 + 5 = ☐☐

3
8 + ☐ = 16
4 + ☐ = 13
9 + ☐ = 17
7 + ☐☐ = 20
3 + ☐☐ = 14

4
☐ + 13 = 20
☐ + 7 = 14
☐☐ + 6 = 19
☐☐ + 4 = 16
☐ + 9 = 18

☐ 11 11 17
16 11 13 7
8 9 8 5 3
13 9 13 6
5 9 6 16
15 20 20
6 7 7 16

☐ 11 12 18
7 17 14
13 7 9

5
19 – 6 = ☐☐
20 – 9 = ☐☐
13 – 7 = ☐
11 – 6 = ☐

6
15 – ☐ = 10
14 – ☐ = 8
18 – ☐ = 9
17 – ☐ = 10

7
☐☐ – 5 = 6
☐☐ – 8 = 9
☐☐ – 9 = 5
☐☐ – 3 = 15

8
7 + 5 + 3 = ☐☐
9 + 6 + 1 = ☐☐
10 + 7 + 3 = ☐☐

9
20 – 10 – 3 = ☐
16 – 7 – 6 = ☐
17 – 4 – 7 = ☐

10
11 + 6 – 1 = ☐☐
9 – 7 + 7 = ☐
19 – 3 – 9 = ☐

11 Trage die richtigen Zeichen ein: <, =, >.

13 + 5 ◯ 17   19 – 10 ◯ 9   11 – 7 ◯ 5   6 ◯ 12 – 7

12 Wahr (w) oder falsch (f)?

9 + 6 > 17 ◯   4 + 14 = 18 ◯   8 + 9 < 16 ◯

12 – 5 > 8 ◯   16 – 8 < 10 ◯   17 – 9 = 8 ◯

Sachaufgaben

1 Lisa hat schon 7 Seiten gelesen. Sie will noch 12 Seiten lesen. Wie viele Seiten hat sie dann insgesamt gelesen?

Das steht in der Aufgabe:

___ Seiten bereits gelesen

___ Seiten noch lesen

Danach wird gefragt:

Wie viele Seiten hat sie insgesamt gelesen?

So kannst du rechnen:

___ + ___ = ___

Das ist die Antwort auf die Frage:

Lisa hat ______________________

____

2 Tom ist auf Seite 8. Er liest noch 9 Seiten. Auf welcher Seite ist er dann?

Das steht in der Aufgabe:

___ Seiten bereits gelesen

___ Seiten noch lesen

Danach wird gefragt:

Auf welcher Seite ist er dann?

So kannst du rechnen:

___ + ___ = ___

Das ist die Antwort auf die Frage:

Tom ist ______________________.

3 Anna wirft. Von 11 Dosen fallen 3 um. Wie viele bleiben stehen? Max wirft. Bei ihm fallen von 15 Dosen 7 um. Bei wem bleiben mehr Dosen stehen?

Das steht in der Aufgabe:

Anna:	Max:
___ Dosen	___ Dosen
___ Dosen fallen	___ Dosen fallen

Danach wird gefragt:

Bei wem bleiben mehr Dosen stehen?

So kannst du rechnen:

Anna:	Max:
___ − ___ = ___	___ − ___ = ___

Das ist die Antwort auf die Frage:

____

1 bis 3: Lösen nach vorgegebener Schrittfolge

SB 110–111 TÜ 55–56

Kombinieren

1

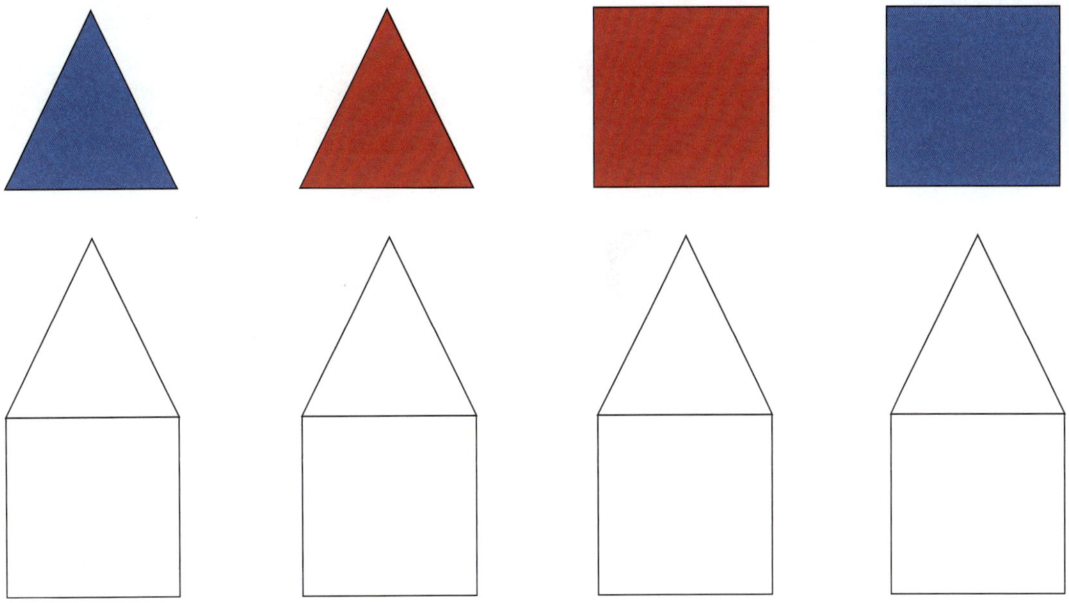

2

3

1

2

3

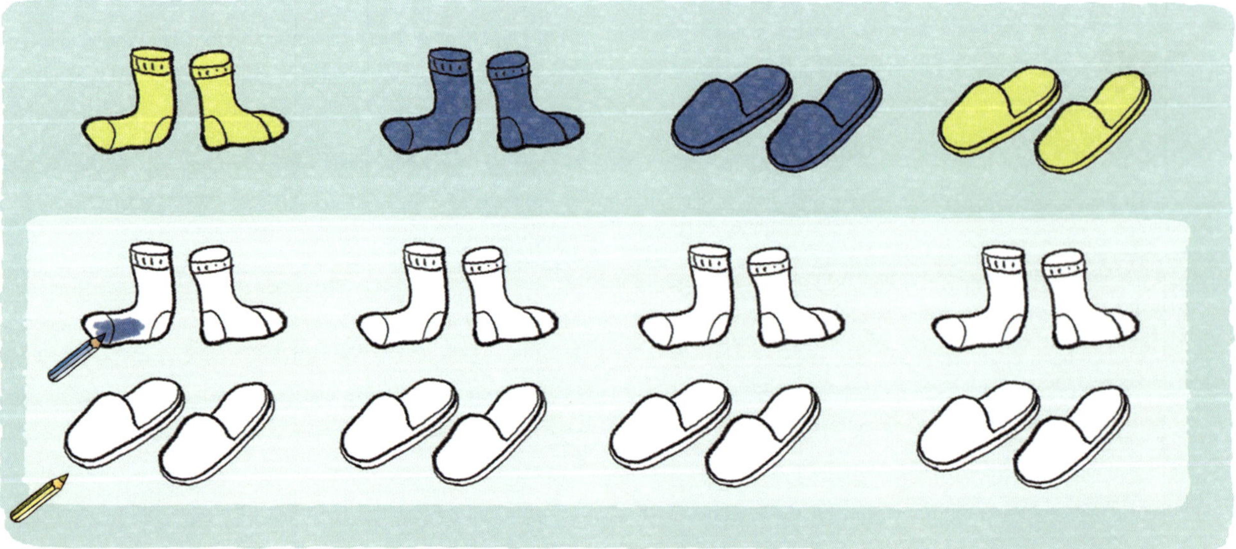

1 bis 3: Kombinationsmöglichkeiten finden; die Kleidungsstücke entsprechend ausmalen

1 Vier Kinder wollen Tischtennis spielen.
Jeder soll gegen jeden spielen.
Maria behauptet, dass insgesamt
6 Spiele durchgeführt werden müssen.
Stimmt das? Überprüfe.
Vervollständige dazu die Tabelle.

Maria Max Ella Ben

Spiel	1	2	3	4	5	6
Spieler	Ben Maria	Ben				

2 Max hat drei Autos und vier Hänger.
Er will immer ein Auto mit einem
Hänger koppeln.
Wie viele verschiedene Fahrzeug-
gespanne kann er koppeln?
Zeichne die Kopplungsmöglichkeiten
mit verschiedenen Farben ein.

3 Wie viele verschiedene Möglichkeiten gibt es, von
Seedorf über Neuhaus nach Berghausen zu wandern?
Male die Wanderwege in verschiedenen Farben ein.

4 Nimm immer drei Kugeln aus der Schachtel.
Wie viele verschiedene Kugelkombinationen
kannst du zusammenstellen? Male die Möglichkeiten.

Strecken messen und vergleichen

1 Miss die Länge jeder Strecke. Notiere ihre Länge.

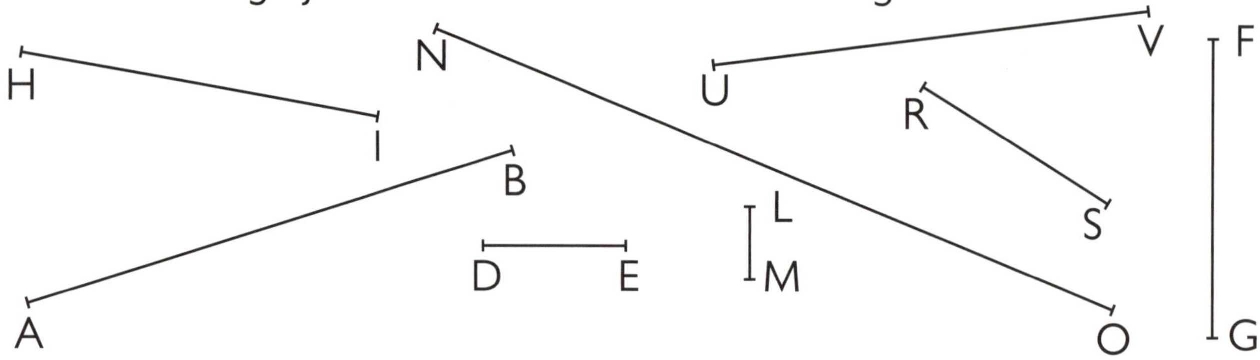

$\overline{AB}$ = ___ cm $\overline{FG}$ = ___ cm $\overline{LM}$ = ___ cm $\overline{RS}$ = ___ cm

$\overline{DE}$ = ___ cm $\overline{HI}$ = ___ cm $\overline{NO}$ = ___ ___ cm $\overline{UV}$ = ___ cm

2 Vergleiche.

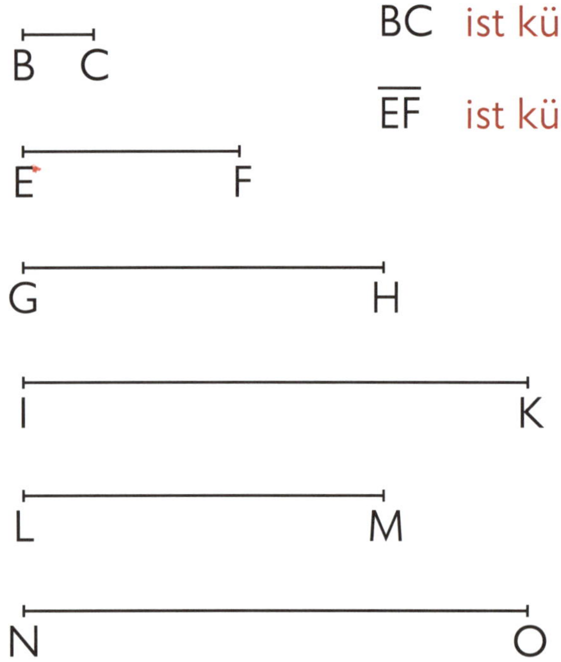

$\overline{BC}$ ist kürzer als $\overline{EF}$, $\overline{GH}$, ______________________ .

$\overline{EF}$ ist kürzer als ______________________ .

$\overline{EF}$ ist länger als ______________________ .

$\overline{GH}$ ist länger als ______________________ .

$\overline{LM}$ ist genauso lang wie ____________ .

$\overline{IK}$ ist genauso lang wie ____________ .

3 Welcher Hund hat den kürzesten Weg zum Knochen?

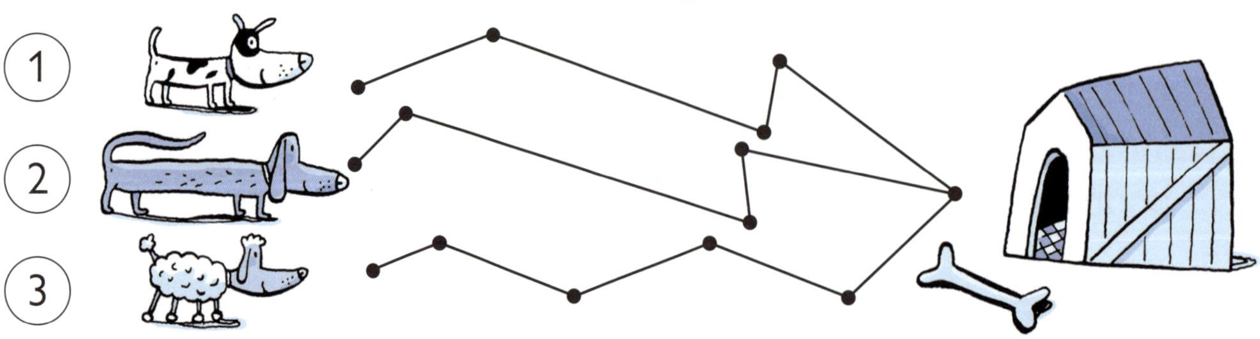

Strecken zeichnen

1 Färbe. 3 cm lange Strecke = blau
4 cm lange Strecke = gelb
5 cm lange Strecke = rot

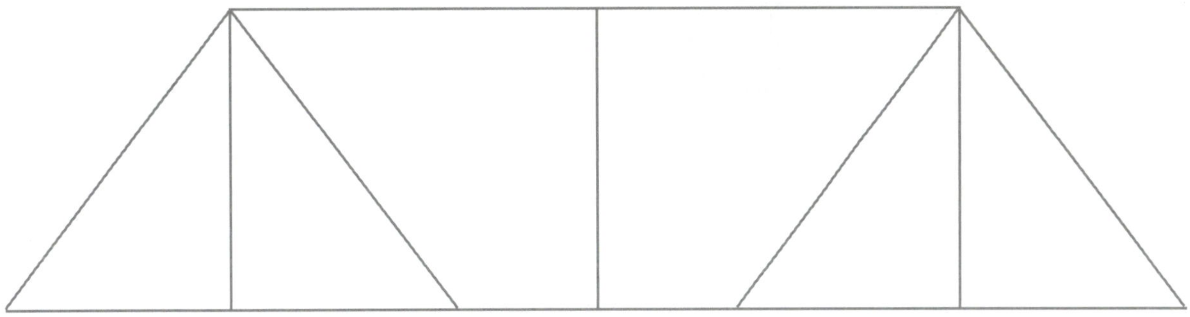

2 Zeichne Strecken.

$\overline{AB}$ = 8 cm

$\overline{CD}$ = 6 cm

$\overline{EF}$ = 4 cm

$\overline{GH}$ = 2 cm

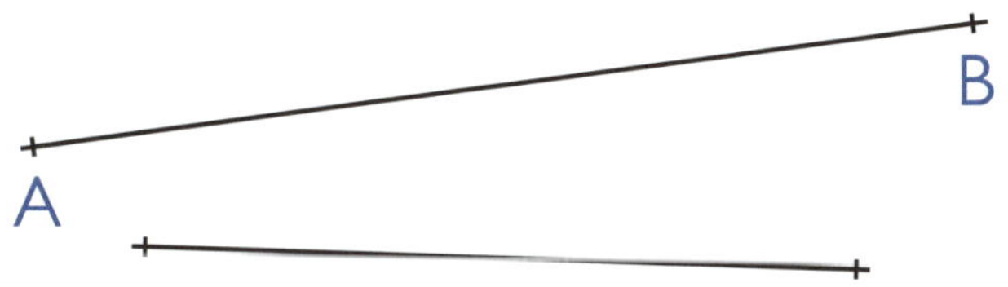

3 Rechne und zeichne Strecken.

3 cm + 4 cm ______________________	$\overline{CD}$ = 7 cm
5 cm + 3 cm	$\overline{FG}$ = ☐ cm
4 cm + 4 cm	$\overline{KL}$ = ☐ cm
7 cm + 3 cm	$\overline{NO}$ = ☐☐ cm

4 Zeichne eine Strecke $\overline{EF}$, die doppelt so lang ist wie die Strecke $\overline{AB}$.
Zeichne eine Strecke $\overline{MN}$, die halb so lang ist wie die Strecke $\overline{CD}$.

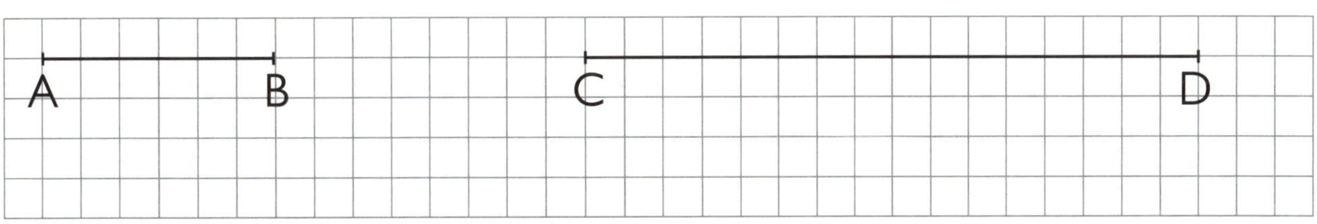

Die Zehnerzahlen bis 100

1

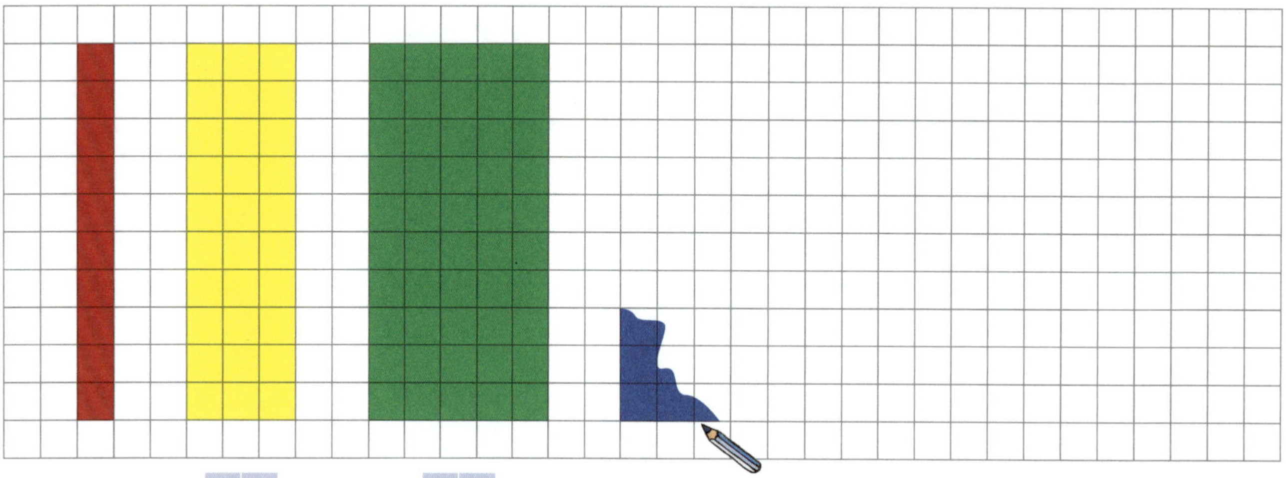

10 ☐☐ ☐☐ 40 70 20

2

☐☐ ct ☐☐ ct ☐☐ ct ☐☐ € ☐☐ €

3

0 — 10 — ☐☐ — ☐☐ — 40 — ☐☐ — ☐☐ — ☐☐ — 80 — ☐☐ — 100

4 Ordne. Beginne mit der größten Zahl.

20 80 60 100 40 30 50

☐☐☐ ☐☐ ☐☐ ☐☐ ☐☐ ☐☐ ☐☐

5 Vergleiche: <, =, >.

4 ○ 7	3 ○ 3	8 ○ 2	10 ○ 9	7 ○ 7
40 ○ 70	30 ○ 30	80 ○ 20	100 ○ 90	☐☐ ○ ☐☐
70 ○ 50	80 ○ 20	60 ○ 60	30 ○ 80	☐☐ < 30
50 ○ 40	10 ○ 50	90 ○ 70	100 ○ 50	☐☐ > 40

1: Zehnerzahl dem Streifen zuordnen; Streifen den Zehnerzahlen zuordnen 2: Geldwert zuordnen
3: Fehlende Zahlen antragen 4: Nach Vorschrift ordnen 5: Zahlen vergleichen

Rechnen mit Zehnerzahlen

1

6 + 2 = ___	8 + 1 = ___	10 − 5 = ___	8 − 5 = ___
60 + 20 = ___	80 + 10 = ___	100 − 50 = ___	80 − 50 = ___
5 + 3 = ___	4 + 4 = ___	6 − 3 = ___	7 − 4 = ___
50 + 30 = ___	40 + 40 = ___	60 − 30 = ___	70 − 40 = ___

2

Mauer 1: oben: ___ / Mitte: 30 | ___ / unten: 10 | ___ | 40

Mauer 2: oben: 100 / Mitte: ___ | 60 / unten: 20 | ___ | ___

Mauer 3: oben: 80 / Mitte: 50 | ___ / unten: 20 | ___ | ___

Mauer 4: oben: ___ / Mitte: 20 | 50 / unten: 10 | ___ | ___

3

+	10	30	20	40	50
20					
40					

−	10	30	0	50	70
70					
90					

4

Mauer 1: oben: 100 / 50 | ___ / 30 | ___ | ___ / unten: 10 | ___ | ___ | ___

Mauer 2: oben: ___ / ___ | ___ / 40 | 20 | ___ / unten: ___ | 10 | ___ | 10

Mauer 3: oben: 90 / ___ | 40 / ___ | ___ | 20 / unten: ___ | ___ | ___ | 10

5 Bilde mit den Zahlen 30, 70 und 100 eine Aufgabenfamilie.

___ ◯ ___ = ___   ___ ◯ ___ = ___

___ ◯ ___ = ___   ___ ◯ ___ = ___

4 Aufgaben sind eine Familie.
2 Aufgaben mit +.
2 Aufgaben mit −.

6 Verdopple und halbiere.

Zahl	20	10	30			
Das Doppelte				100	80	60

Zahl	80	60	100			
Die Hälfte				20	30	10

7 Vergleiche die Hälfte von 80 mit dem Doppelten von 20. Welches Zeichen kannst du einsetzen: <, =, >?

Die Hälfte von 80		Das Doppelte von 20
___	◯	___

Alle Zahlen bis 100

1

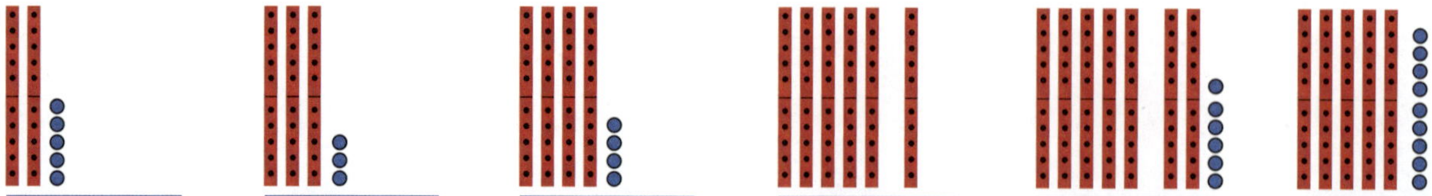

Z	E	Z	E	Z	E	Z	E	Z	E	Z	E
2	5										

25

2 Stelle die Zahlen dar.

23		65		40	
48		56		87	
71		99		32	

3 Ergänze.

Zahl	Z	E
54	5	4
65		
73		
85		
97		

Zahl	Z	E
23	2	3
	7	2
	9	1
	5	0
	3	9

Zahl	Z	E
	3	7
26		
	5	1
70		
	1	3

4 Trage die fehlenden Zahlen ein.

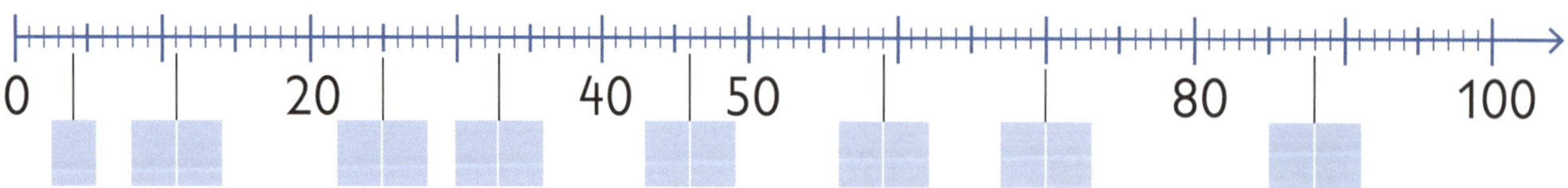

5

25 = 20 + 5
33 = 30 + ___
54 = 50 + ___
43 = ___ + ___
29 = ___ + ___

85 = ___ + ___
72 = ___ + ___
64 = ___ + ___
88 = ___ + ___
97 = ___ + ___

___ = 20 + 7
___ = 40 + 4
___ = 30 + 6
___ = 50 + 2
___ = 30 + 5

1: Zahlen den Bildern zuordnen 2: Zahlen grafisch darstellen 3: Zahlen in Zehner und Einer zerlegen 4: Zahlen antragen 5: Zahlen in Summen aus Zehnern und Einern zerlegen

Die Hundertertafel

1	2	3	4	5	6	7	8	9	10
11									
21									30
31		33							
41					46				50
	52			55					
				65		67			70
				75			78		
				85					90
91				95				99	

1 Trage alle Zahlen bis 100 in die Hundertertafel ein.

2 Schreibe alle Zahlen auf:

– die über der 64 stehen:

– die unter der 64 stehen:

– die rechts von der 64 stehen:

– die links von der 64 stehen:

3 Färbe die Kästchen mit folgenden Zahlen rot.

23, 28, 33, 54, 38, 43, 55, 48, 53,
56, 58, 63, 68, 73, 78, 57, 83, 88

Welchen Buchstaben entdeckst du?
Schreibe ihn auf.

4 Setze mit einem Spielstein und schreibe alle Zahlen auf.
In welche Richtung hast du gesetzt? →, ←, ↑, ↓

31	32	33							40	→
60	59	58							51	
10	20	30							100	
95	85	75							5	

5 Welche Zahlen liegen zwischen

35 und 40? ______________________

89 und 95? ______________________

6

V	Z	N
	59	
	31	
	70	

Sammeln von Daten

1

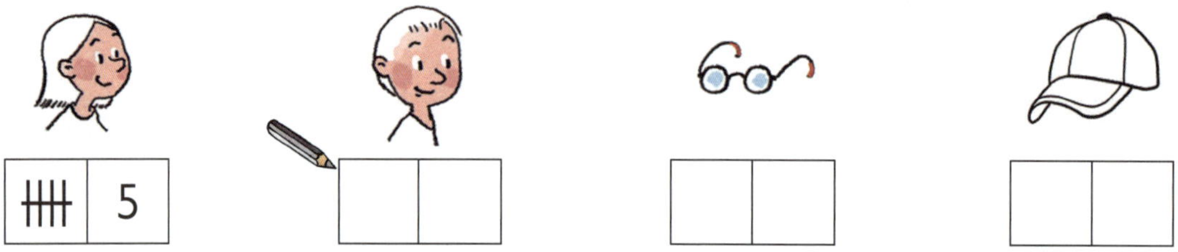

2

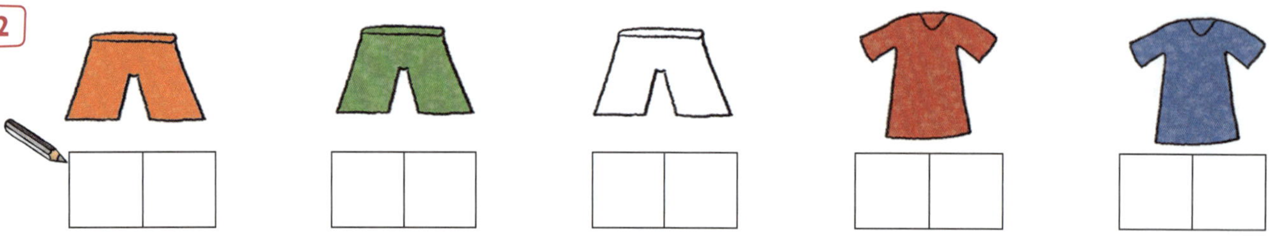

3

4

1 bis 4: Strichliste/Zahl; Anzahl der Mädchen und Jungen; Anzahl der Brillen und Basecaps; Anzahl der jeweiligen Hosen und T-Shirts bestimmen

Lieblingsfarbe – Lieblingszahl – Lieblingstier

Frage die Kinder deiner Klasse und fertige dazu eine Strichliste an.

1 Welche Farbe ist deine Lieblingsfarbe?

Farbe						
Anzahl der Kinder						

Welche Farbe wurde am häufigsten genannt? die Farbe ______
Wie viele Kinder haben diese Farbe genannt? ☐☐ Kinder

Welche Farbe wurde am wenigsten genannt? die Farbe ______
Wie viele Kinder haben diese Farbe genannt? ☐☐ Kinder

Welche Farbe wurde von keinem Kind genannt? die Farbe ______

2 Welche der Zahlen 1 bis 10 ist deine Lieblingszahl?

Zahl	1	2	3	4	5	6	7	8	9	10
Anzahl der Kinder										

Welche Zahl ist die Lieblingszahl der meisten Kinder? die Zahl ☐☐

Welche Zahl ist die Lieblingszahl der wenigsten Kinder?
die Zahl ☐☐

Welche Zahl wurde von keinem Kind als Lieblingszahl genannt?
die Zahl ☐☐

3 Welches dieser Tiere ist dein Lieblingstier?

Tier			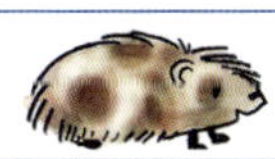		
Anzahl der Kinder					

Welches Tier ist Lieblingstier der meisten Kinder? ______

Welches Tier haben die wenigsten Kinder genannt? ______

Informationen aus Tabellen

1

				3													

2

|||		𝍸		||	

1 und 2: Ziffer der Strichangabe zuordnen; Hosen/Basecaps entsprechend der Vorgabe (Farbe und Anzahl) ausmalen

1

Arbeitsgemeinschaft	Töpfern	Malen	Musizieren	Turnen
Mädchen	13	8	12	20
Jungen	7	9	6	10

Welche Arbeitsgemeinschaft hat die meisten Teilnehmer?
Arbeitsgemeinschaft: ____________________ . Sie hat ☐☐ Teilnehmer.

Welche Arbeitsgemeinschaft hat die wenigsten Teilnehmer?
Arbeitsgemeinschaft: ____________________ . Sie hat ☐☐ Teilnehmer.

Wahr (w) oder falsch (f)? Kreuze an.

Zum Turnen gehen doppelt so viele Mädchen wie Jungen. (w) (f)

Beim Töpfern sind 4 Mädchen mehr als Jungen. (w) (f)

Es musizieren nur halb so viele Jungen wie Mädchen. (w) (f)

2 Max und Lisa haben beim Würfeln eine Strichliste geführt.

Augenzahl	⚀	⚁	⚂	⚃	⚄	⚅
Max	II	IIII	III	IIII	IIII IIII II	IIII
Lisa	IIII	III	IIII	II	IIII I	IIII IIII

Wievielmal hat jeder gewürfelt? Max: ☐☐ Lisa: ☐☐

Welche Augenzahl wurde am häufigsten gewürfelt? bei Max: ☐☐ bei Lisa: ☐☐

Wahr (w) oder falsch (f)? Kreuze an.

Max hat die ⚄ doppelt so oft gewürfelt wie Lisa. (w) (f)

Lisa hat die ⚂ häufiger gewürfelt als Max. (w) (f)

Lisa hat die ⚅ weniger gewürfelt als Max. (w) (f)

1 und 2: Zahlen/Anzahlen der Tabellen entsprechend der Fragestellung auswerten

Geldwerte bis 100 Euro

1 Immer 100 ct = 1 €. Kreise ein.

2 Wie viel Cent sind es?

ct	ct	ct	ct	ct

3 Lege und male.

60 ct	80 ct	53 ct	68 ct	1 €

4

Maria kauft:	70 ct 
Sie gibt:	

Sie erhält ct zurück.

Anna kauft:	80 ct 
Sie gibt:	

Sie erhält ct zurück.

Tom kauft:	60 ct 
Er gibt:	

Er erhält ct zurück.

1: Geeignete Münzen zum Geldbetrag von 100 ct = 1 € zusammenfassen 2: Geldbetrag bestimmen
3: Gegebenen Geldbetrag legen und zeichnen 4: Differenz/Summe der Geldbeträge ermitteln

LB 133 **TÜ** 63

1

___ € ___ € ___ €

2 Lege und trage die Anzahl der Scheine und Münzen ein.

Betrag						
35 €						
90 €						
71 €						
52 €						
46 €						

3 Welche Karten gehören zusammen? Färbe in der gleichen Farbe.

10 ct | 1 € | 50 ct − 30 ct | 10 € | 40 ct + 60 ct | 9 € − 8 €

90 € | 20 ct + 40 ct | 70 € + 30 € | 80 ct − 70 ct | 20 ct

50 € + 40 € | 90 € − 80 € | 90 € − 30 € | 60 ct | 60 € | 100 ct

4 Rechne und vergleiche: <, =, >.

20 €	◯	10 € + 20 €	20 € + 50 €	◯	60 € + 10 €
50 €	◯	30 € + 30 €	50 € + 30 €	◯	60 € + 30 €
80 ct	◯	20 ct + 50 ct	90 € − 50 €	◯	50 € + 10 €
1 €	◯	60 ct + 40 ct	30 ct + 30 ct	◯	30 ct − 30 ct

5 Ben hat 13 €. Er gibt Tom 4 €. Nun haben beide gleich viel Geld.
Wie viel Euro hatte Tom vorher? ___ €

Uhr – Uhrzeit

1 Lies die Uhrzeit ab.

___ Uhr	___ Uhr	___ Uhr	___ Uhr	___ Uhr
___ Uhr	___ Uhr	___ Uhr	___ Uhr	___ Uhr

___ Uhr	___ Uhr	___ Uhr	___ Uhr	___ Uhr
___ Uhr	___ Uhr	___ Uhr	___ Uhr	___ Uhr

2 Trage die Zeiger ein.

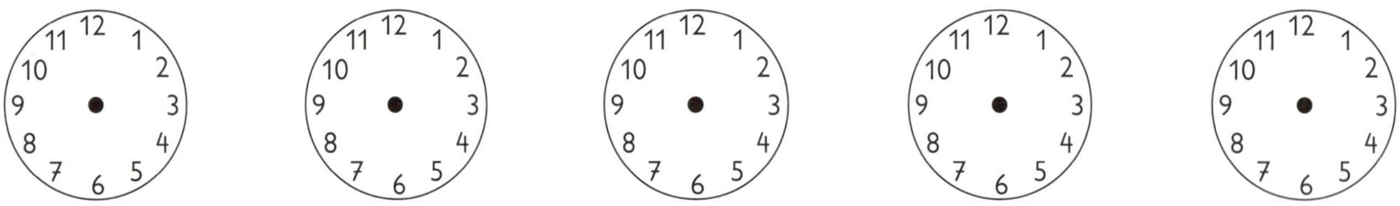

1 Uhr	3 Uhr	6 Uhr	8 Uhr	10 Uhr
13 Uhr	15 Uhr	18 Uhr	20 Uhr	22 Uhr

3 Ordne zu.